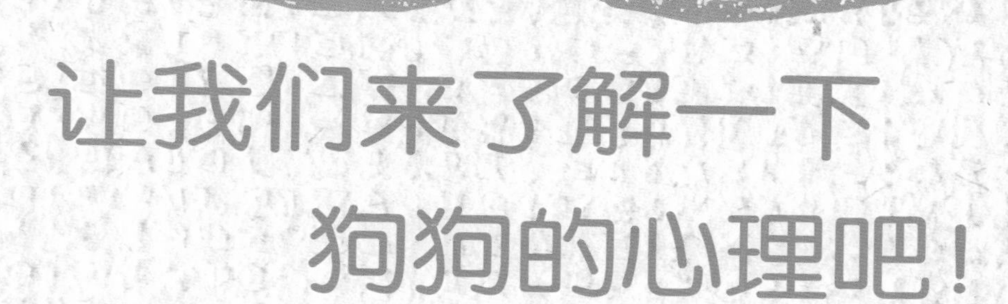

让我们来了解一下狗狗的心理吧！

根据狗狗的肢体语言，即狗狗身体各部位的动作、变化，可以大致把握狗狗的心理状态。
此外，狗狗在处于紧张状态或向对方传达自己没有敌意时，
会做出被称为“安定讯号”的肢体语言。
预先了解这些知识，不仅有助于了解狗狗的心理，而且对于训练狗狗掌握讨人喜欢的行为、实现狗狗的社会化以及预防狗狗的问题行为等也至关重要。详情请参考 P19 ~ P21。

肢体语言 —— 身体各部位的变化与心理状态

卧倒
坐下
快速眨眼
频繁眨眼
闻地面的味道
来回甩
噌噌
挠身体
来回甩动身体

狗狗的日常护理与驯养

（日）西川文二◇著　刘旭阳◇译

煤炭工业出版社
·北　京·

前言

20世纪90年代初期，日本人养狗的方式开始出现巨大变化。当时，日本泡沫经济时期开始步入尾声，很多日本人不仅憧憬海外生活方式，也开始不遗余力地去实现这些憧憬。

当时，外国品牌的汽车非常热销，而同时也出现了饲养大型犬——金毛猎犬的热潮，很多人都很羡慕能与金毛猎犬共享悠闲自在的生活。周末，开车到海边，打开后备箱，一条金毛猎犬从车里跳出来……

根据日本以往的养狗方式，体重超过5公斤的狗就要在室外饲养，也就是说只能当成看门狗饲养。一部分拥有宽敞院子的富豪会将大型犬送到警犬训练所一段时间，接回之后就当成看门狗饲养。到了20世纪80年代，普通人也可以饲养大型犬，那时兴起了饲养哈士奇的热潮。然而，由于当时哈士奇都是在室外饲养，而且基本上不会送去训练所，结果没多久热潮就消失了。

而饲养金毛猎犬的热潮则完全不一样。把大型犬养在室内，不管去哪里都要带上它……日本人就这样开始了前所未有的与狗狗的共同生活。结果可想而知，非常不顺利，因为从绳文时代开始，日本人就从未与狗狗共同生活过，甚至驯狗师都没有掌握驯养大型犬的方法。

我也是从这个时期开始正式学习家庭犬的驯养方法。当时的日本人还不了解驯养狗狗方面的知识，因此我是从美国人Terry Ryan女士那里学习的。JAHA（公益社团法人 动物病院福祉协会）最早注意到了日本人养狗方式的变化，认为培养能够教授欧美式驯养狗狗知识的人才十分重要，从1994年开始，开办了旨在培养家庭犬训导员的讲座。Terry Ryan定期来到日本，举行一年数次的集中课程。

在欧美地区，和主人共同生活、不管到哪里都带着的狗被称为"Companion Dog"（伴侣犬）。"Companion Dog"在日语中没有对应的词汇，因此这样的狗狗被人们称为"家庭犬"。可以说这一时期是日本家庭犬训练的黎明期，但此时的狗狗一般还是养在室外。

日本人的养狗方式出现巨大变化的第二个时期是2003年，因为在室内饲养的狗狗数量超过了在室外饲养的狗狗数量。到了2005年以后，这一变化不断加快。更为引人注目的是，开始出现了狗狗咖啡馆、遛狗场、狗狗

服装店等，可以带着狗狗进入的场所以及带着狗狗共同住宿的场所大幅增加了。

有数据显示，现在有70%~80%的狗狗都是在室内饲养。很明显这是20世纪90年代开始的养狗方式的后续。而且，这次变化的不只是养狗方式，关于狗狗的常识、训练方法等方面也发生了巨大变化。引起这些变化的原因是越来越多的科学知识已经逐渐被人们所了解，如基因分析技术和脑科学的发展、行为学方面的新发现、学习心理学及行为分析学等。

我刚开始学习的时候，民间还有诸如“狗和狼一样”“狼是群居动物，所以狗也是一样”“只有头狼和其固定配偶才有繁殖后代的权利”等说法。但是，通过利用狐狸实施的实验发现，对狐狸进行数十代的选种交配后，其行为和思维方式都发生了巨大变化。所以，虽然狗的祖先是狼，但是狗经历选种交配的代数要远远超过实验中的狐狸，“狗和狼不同”已成为常识。

同样，关于狗狗的训练方法也发生了变化，以往养狗的人还会有“要将狗狗驯养成像头狼一样”的想法。而现在，养狗的人已经开始从学习心理学及行为分析学的视角看待这一问题了。

以上皆是关于家庭犬历史及其训练方法变化的简短说明。以此为基础，本书利用科学的知识，针对当前家庭犬的驯养内容和驯养方式进行了详细介绍。我坚信，这本书一定可以帮助您实现与狗狗共处的幸福生活。

我衷心希望那些养狗的家庭都能够看到本书，实现与狗狗的幸福生活。

Can! Do! Pet dog school负责人

公益社团法人 动物病院福祉协会

家庭犬驯养师

西川文二

目录

狗狗的日常护理与驯养

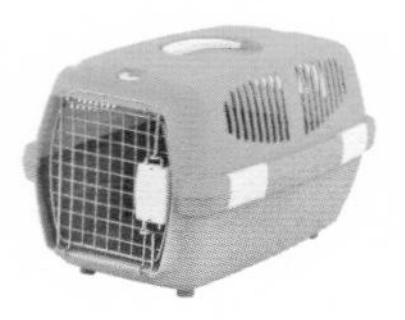

Part 2　开始养狗后的一周

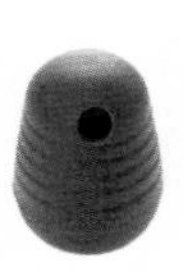

Part 7　社会化期后（出生150天左右）~第二性征期

Part 8　第二性征期以后

日版图书工作人员名单

封面设计：武内直人、谢佩吟（株式会社Tokyo Planning）
封面照片：佐藤正之
插画：FUJISAWA MIKA
助手：石井千草、村木美里
编辑合作方：秋叶桃子

Part 1 养狗之前

这一部分总结了迎接狗狗来到新家时必需的预备知识。

养狗之前

怎样才能与狗狗共同幸福地生活呢?

人为什么会养狗呢?调查结果显示,通过养狗,家庭会变得和睦,家人之间的交谈会增多,主人的不佳情绪会得到调节,其共同点在于:人们期待的某种精神方面的作用。可能人们会期待与狗狗共同生活,能够让生活变得幸福吧。

那么,与狗狗共同生活真的能给人们带来幸福吗?

实际上,在针对狗狗主人的幸福度调查中,“催产素”这一体内物质备受关注。

催产素又被称作“幸福荷尔蒙”,在人们感到幸福时,体内的催产素含量就会增多。也就是说,如果测量狗狗主人体内的催产素含量,在某种程度上就可以判断其幸福度。

调查的详细情况本书不再赘述,只是在这里说明一下结论:与狗狗共同生活时,如果狗狗经常主动看着主人,那么,主人与狗狗的关系一定很好,幸福度也会提高。

养狗之前

通过饲养，让狗狗学会经常主动地看向主人

为了能够与狗狗共同幸福生活，就要通过饲养，让狗狗学会主动地与主人进行眼神交流。为此，必须做到以下三点。

❶ 避免狗狗变得紧张，教会狗狗讨人喜欢的行为

❷ 让狗狗习惯来自人类社会的外界刺激（社会化）

❸ 避免责骂狗狗，预防并改善狗狗的问题行为

做好这三点，不仅可以让主人感到幸福，狗狗的幸福感也会慢慢提升。

1. 避免狗狗变得紧张，教会狗狗讨人喜欢的行为

如果狗狗不明白怎么做才好，它就会感到不安，视线也会变得飘忽不定。相反，如果狗狗明白要做什么，它就会经常看着主人，让主人感觉到狗狗想表达“这样做就好了吧”“快点夸我”的意思。

以前人们大多是用强硬的方式驯养狗狗，但是，这种强硬的方式只会让狗狗变得更加紧张，最终导致它不敢再看着主人。所以，请您一定要用科学的方法指导狗狗的行为，合理地施放信号。

2. 让狗狗习惯来自人类社会的刺激（社会化）

对于生活在人类社会中的狗狗来说，每天都要接受来自人类社会的各种各样的外界刺激，例如汽车、自行车、商业街、各色人等。如果狗狗不能习惯这些刺激，它就会感觉到不安。

让狗狗习惯来自人类社会的各种外界刺激的过程被称为“社会化”。已经成功实现社会化的狗狗，精神方面会很稳定，在各种情况下都会望向主人。

与此相对，没有实现社会化的狗狗，对周围环境会很敏感，不会主动与主人进行眼神交流。

3. 避免责骂狗狗，预防并改善狗狗的问题行为

责骂确实可以降低狗狗做出人类不喜欢的行为的频率。但是，通过责骂改善狗狗行为的方式通常不会达到想要的效果。关于这一点，在后文中会进行详细说明。这里要说的是，狗狗将不会再去看责骂它的人，最终导致狗狗不再主动与主人进行眼神交流。

养狗之前 对于狗狗来说，幸福是什么

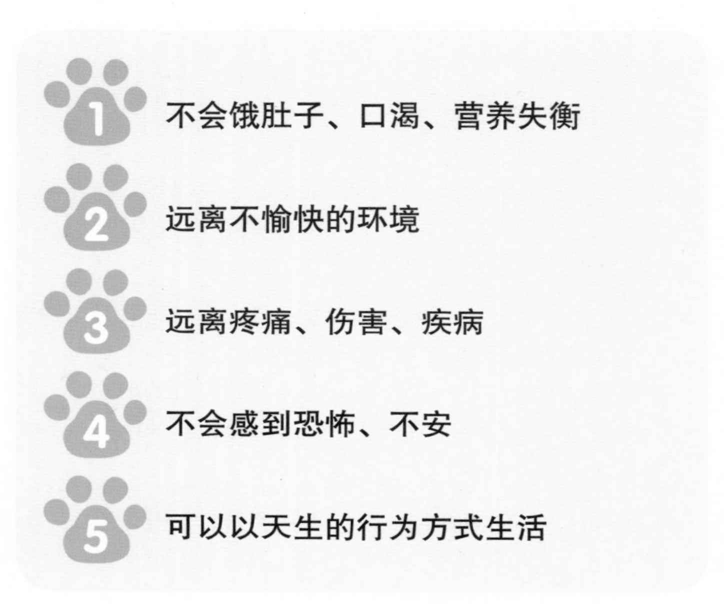

以上5条内容是世界公认的家畜动物的福利条件。但是，这些条件只是保证了狗狗生活的基本条件而已。

那么，在“狗狗生存的基本条件”的基础上，如何实现“让狗狗变得幸福”呢？我们认为，答案就是“增加幸福荷尔蒙”。

据日本动物治疗协会（Japan Animal Therapy Association）的研究报告显示，在与狗狗共同生活在一起的幸福家庭中，不仅人类的催产素会增加，狗狗的催产素也会增加。

在主动与主人进行眼神交流时，大多数狗狗是“眼睛闪着光地看着主人”“好像微笑似的看着主人”，此时狗狗体内的催产素含量一定增加了。

驯养的原理

什么是科学的驯养方法

正如前言中所说，以前饲养狗狗的人往往会有“狗和狼一样”的想法。但是现在人们的思想已经有了很大改变，人们开始基于学习心理学及行为分析学的视角看待这一问题。

重视通过实验等途径获得的客观数据，并在此基础上推导出科学的原理，而科学的驯养方法则必须合理运用这些原理。

驯养狗狗所必需的3个科学原理

狗狗只会学习自己体验过的东西

狗狗的学习模式共有4种

狗狗擅长感知预判

狗狗只会学习自己体验过的东西

对于狗狗而言，学习事物指的是提高或降低某一特定行为的频率。因为狗狗的大脑构造与人类不同，所以不能像人类一样通过文字和语言进行学习，只能通过体验来学习。

因此，如果想让狗狗学习讨人喜欢的行为，就只能通过让狗狗体验这一行为。反之，如果是令人讨厌的行为，就要尽量避免让狗狗去体验。如果狗狗没有体验过这些行为，就不会学习或形成习惯。

狗狗的学习模式共有4种

狗狗是怎样学习体验过的行为呢？一共有以下4种模式。

如果某一行为会获得奖励，狗狗做出这一行为的频率就会提高

如果某一行为会受到惩罚，狗狗做出这一行为的频率就会降低

如果某一行为不会获得奖励，狗狗做出这一行为的频率就会降低

如果某一行为不会受到惩罚，狗狗做出这一行为的频率就会提高

例如，如果主人想要提高狗狗做出“坐下”这一行为的频率，那么只要在狗狗把屁股挨近地板时奖励狗狗就好了。

	奖励	惩罚
发生	A 行为的频率提高	B 行为的频率降低
不发生	C 行为的频率降低	D 行为的频率提高

狗狗擅长感知预判

善用夸奖的话语和奖励的行为信号（指示语）来训练狗狗，就是运用了“狗狗擅长感知预判”的原则。

如果在每次喂狗粮之前都对狗狗说“好孩子”，那么狗狗就会把“好孩子”这句话当作喂狗粮的意思理解，以后只要对狗狗说“好孩子”，狗狗也会变得很愉快。

此外，如果主人在让狗狗坐下之前，对狗狗说“坐下”，让狗狗明白“把屁股挨近地板，就会获得奖励”，那么狗狗就会愉快地对“坐下”这句话进行预判。

避免狗狗变得紧张，教会狗狗很多讨人喜欢的行为

以让狗狗坐下为例，首先教给狗狗坐下的姿势，在狗狗把屁股挨近地板时，给予狗狗奖励。以此让狗狗提高能够获得奖励的行为频率，引导狗狗学会坐下。

如果已经做到了这一步，接下来就需要在引导狗狗坐下之前，对狗狗发出预告的信号。

"坐下"（预告信号）

⇓

引导狗狗把屁股挨近地板

⇓

奖励狗狗（例如喂狗狗吃狗粮）

通过重复以上步骤，最终让狗狗在听到"坐下"这一信号时就做出反应，把屁股挨近地板。

让狗狗习惯来自人类社会的刺激（社会化）

学习模式A"提高获得奖励的行为频率"，也可以把它解读为"最终理解了能够获得奖励的情况"（学习模式A的变形）。

利用学习模式A的这一变形，就可以逐渐让狗狗习惯来自人类社会的刺激。也就是说，在来自人类社会的各种各样的刺激中让狗狗获得奖励。

同样，学习模式B的变形"最终理解了会受到惩罚的情况"也可以成立，让狗狗学会避免做出可能受到惩罚的行为。

避免责骂狗狗，预防并改善狗狗的问题行为

通过对狗狗进行第一项和第二项的训练后可以预防很多问题行为。

但有时即使切实采取了这样的预防措施，还是会发生问题行为。狗狗之所以会重复问题行为，其原因可能有两个，"获得了奖励"或"没有受到惩罚"。想要改善这一情况，就必须先找出原因。

问题的预防

问题行为的应对

为什么不能责骂狗狗

虽然责骂狗狗是运用了学习模式B“降低受到惩罚的行为频率”，但动物实验证明，如果没有满足以下3个条件，模式B就不会有效果。

惩罚的3个条件：1.强度适宜；2.每次都实施；3.立即实施。

但是，想要在现实中同时满足这3个条件几乎是不可能的。即使是完全满足这3项条件，有的狗狗也可能会表现出回避行为、攻击性提高、萎靡不振。

正如前文所述，现在已经确立了科学的方法，即使不责骂狗狗也可以改善狗狗的行为。因此，可以说已经不需要再责骂狗狗了。

制止狗狗做出不讨人喜欢的行为

不责骂狗狗，并不是完全不管狗狗。如果狗狗开始做出不讨人喜欢的行为，要立即把狗狗带离该处，并大声“制止”狗狗的行为。责骂是为了不让狗狗再次做出同样的行为，而“制止”则是让狗狗立即停止此刻的行为，仅此而已。

当然，如果想要制止狗狗做出某种行为而未采取应对措施（例如改变环境等），狗狗可能会再次做出同样的行为。

总之，想要阻止狗狗做出不讨人喜欢的行为或预防和改善问题行为，制止狗狗之后所采取的应对措施十分重要。

因获得奖励而出现问题行为时的应对措施

为避免再次发生问题行为而改变环境。

如果狗狗翻垃圾桶，可以换成带盖子的垃圾桶，也可以把垃圾桶放到狗狗够不到的地方。如果狗狗没有机会体验翻垃圾桶的行为，它们就无法学会翻垃圾桶了。

归根结底，因为获得奖励而做出某一行为的起因是狗狗有做出这一行为的欲望。因此，主人需要思考如何通过让狗狗做出讨人喜欢的行为，来满足狗狗的欲望。狗狗之所以会翻垃圾桶，是因为这一行为满足了狗狗对食物或游戏的欲望（破坏欲、撕咬欲）。想要防止问题行为的发生，主人可以通过游戏和训练来满足狗狗这一欲望，然后再教狗狗做出讨人喜欢的行为。例如，当狗狗翻垃圾桶时，主人可以对狗狗说“到这儿来”。只要让狗狗理解了“到这儿来”后主人会很开心，就可以慢慢改正狗狗翻垃圾桶的习惯。

因没有受到惩罚而出现问题行为时的应对措施

此时也要改变环境，以防止问题行为的发生。

如果是住在公寓，狗狗可能会对经过走廊的人吠叫，这时候要把狗狗的活动场所换到无法听到脚步声的房间。如果狗狗没有机会体验吠咬、追赶，就无法学会这些行为。

进而，因为没有受到惩罚而出现的问题行为时，归根结底是要让狗狗习惯这一惩罚。在上文所举的事例中，想要防止狗狗吠叫，就要让狗狗习惯走廊的脚步声（声音方面的社会化训练请参考P79）。如果狗狗明白了走廊上的脚步声没有什么大不了，不需要防范，最终狗狗就不会再做出吠叫的行为。

当然，教会狗狗做出讨人喜欢的行为也十分重要。如果让狗狗切实地理解了“到这儿来”的含义，在狗狗想要吠叫的时候，主人可以把狗狗叫到自己跟前，最终做到防止狗狗吠叫。

预备知识

预防胜过治疗

通过注射疫苗，人们就算接触到病毒，也不会发病，甚至即便发病，病情也很轻微。虽然有些人也许一辈子都不会接触到病毒，或者接触到病毒也不会造成严重后果，但为了以防万一，我们还是要注射疫苗。

狗狗的驯养也是一样，也是为了预防狗狗未来出现某种问题，或者即使出现问题也很轻微，容易解决。在这一点上，驯养和疫苗所起到的作用是一样的。

虽说在没有出现问题的狗狗之中，也有未经过特别驯养的狗狗，但只要是出现问题的狗狗，可以说一定是未经过驯养或进行了错误驯养的狗狗。通过正确的驯养来预防问题的发生，在这一点上，驯养和疫苗都是一样不可或缺的。

以生病为例，发病之后需要的是治疗，而不是预防。狗狗的问题行为也是如此，在狗狗做出问题行为之后，就不再需要进行作为预防措施的驯养了，这时候需要进行的是治疗，也就是对狗狗进行“改正”和“矫正”。

因为没有进行正确的驯养，导致出现问题

不会胡乱吠叫、可以开心地迎接客人、不管带它去哪里都会表现出很高兴的样子、主人可以和狗狗一起度过悠闲的时光……如果您想要得到这样的狗狗，需要有针对性地对狗狗进行正确的驯养。

如果没能做到正确的驯养，狗狗会变成什么样子呢？

想要吃人的食物时会吠叫、不吃狗粮、主人到哪里就跟到哪里、看不到主人时就会吠叫、咬主人或家里的某个人、咬其他人、门铃响起或听到其他声音时就会吠叫、讨厌刷毛、给它擦脚时就会咬人、想要抱它时就会咬人或者逃走、害怕淋浴或靠近水边、对着其他人吠叫、遛狗时在前面拉着绳跑或乱跑、遛狗时不想出去、捡地上的东西吃、在它吃东西的时候靠近就会低吼、叫它也不过来、不能和其他狗狗和平相处、向其他狗狗猛扑、叼着东西不放、不让道、害怕摩托车或放烟火的声音、尿尿做标记、咬家具、别的狗经过时会吠叫、对着摩托车吠叫并追赶……

为了避免出现上述这些问题，并使其不会成为今后的遗留问题，需要对狗狗进行正确的驯养。

狗狗的心理

了解狗狗的肢体语言

时刻了解狗狗获得奖励和受到惩罚的情况，这对于教给狗狗学会讨人喜欢的行为、训练狗狗进行社会化以及预防和改善狗狗的问题行为来说，至关重要。

狗狗是否获得了奖励，是否受到惩罚，其中的差别可以通过狗狗肢体语言做出判断。

了解狗狗身体各个部位的变化

“当狗狗的尾巴上翘，用力摇尾巴时，就表示狗狗很开心”，类似这样的说法一直都有。根据狗狗身体各个部位的变化，可以大致了解狗狗的心理状态，这些身体部位包括：耳朵、眼睛、嘴巴、腰、鼻子上方等。

下表中对狗狗身体各个部位的变化及狗狗的心理状态进行了总结，请您参考。

※在本书的前拉页中有许多狗狗肢体语言的插图，请您一并参考。

狗狗身体各个部位的变化及狗狗的心理状态

身体部位 \ 心理状态	快乐（＝喜欢、高兴、欢乐）	不快乐（＝讨厌、恐怖、紧张）
尾巴	上翘	下垂
耳朵	直立	向后伸
眼神	眼睛闪光	睁大眼睛
嘴巴	张开（伸出舌头）	紧闭
腰	正常（不会弓着腰）	弓着腰
鼻子上方	不会皱鼻子	皱鼻子

身体部位 \ 心理状态	兴奋
尾巴	摇动
背毛	竖立

狗狗的心理

紧张反应

根据狗狗的肢体语言，不仅可以判断狗狗的心理状态，而且对于了解狗狗是否感到紧张也很重要。不想和让自己感到紧张的同伴相处，在这一点上人和狗狗都一样。狗狗主人必须了解自己的肢体语言是否会让狗狗变得紧张。

此外，即使主人不会让狗狗变得紧张，其他人或事物也可能会让狗狗变得紧张，这时就要思考如何才能减轻狗狗的紧张情绪（关于如何减轻狗狗的紧张情绪，可以参考P59~61介绍的按摩和身体接触等）。

右图中总结了狗狗紧张时会表现出的有代表性的反应和行动，请您参考。

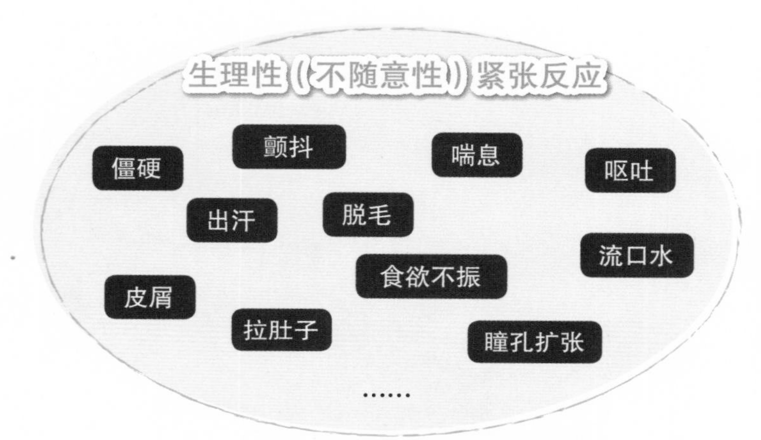

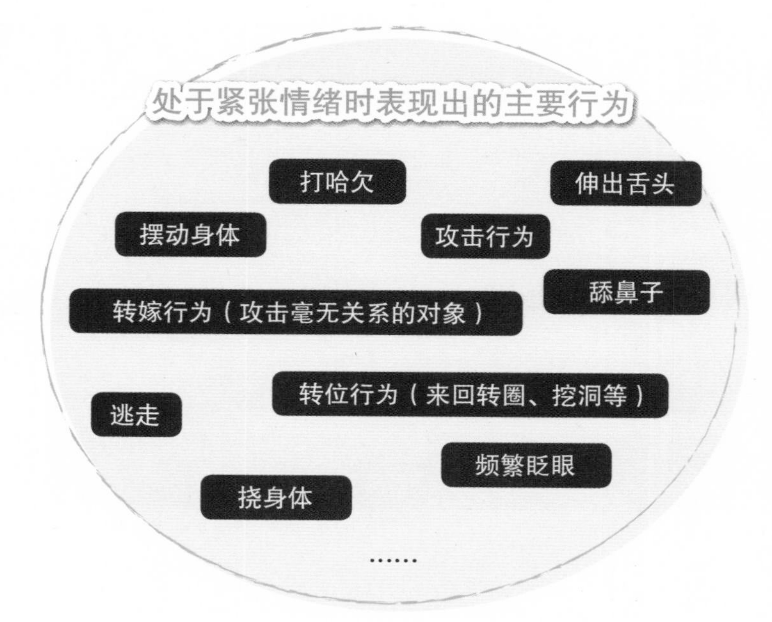

因为这些肢体语言是为了让对方冷静下来（calm down）、让自己冷静下来（calm down），所以也被称作“安定讯号”。

如果狗狗频繁发出“安定讯号”，说明狗狗很可能已经陷入了紧张状态。

“安定讯号”对于科学性的狗狗训练来说是不可或缺的，请务必记住这一点。

※ 在本书的前拉页中有许多描绘狗狗“安定讯号”的插图，请您一并参考。

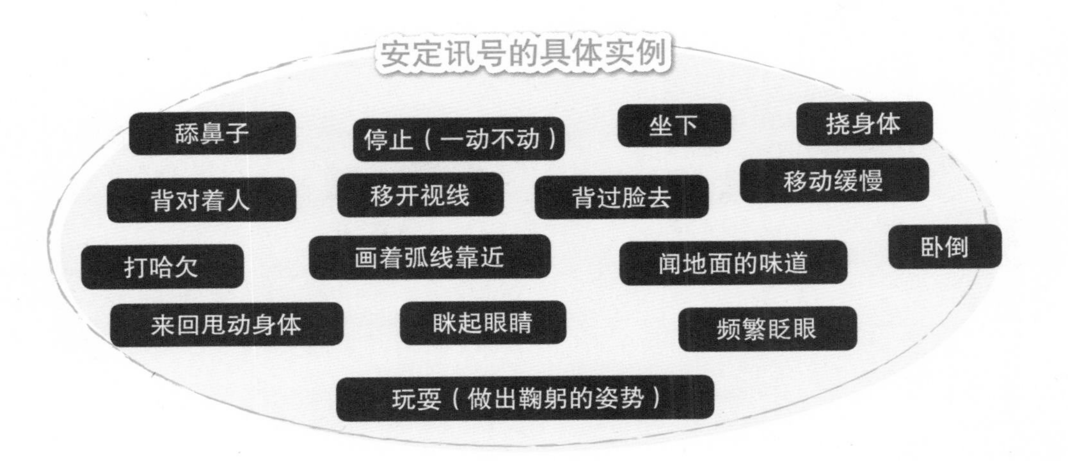

狗狗的心理

在训练过程中，狗狗频繁发出安定讯号的应对措施

在开始教狗狗“停下”的时候，有的狗狗会频繁发出安定讯号。当然，在此之前（狗狗长到4个月之前）对狗狗实施的训练方法（社会化）中，应该会经常看到狗狗发出安定讯号。

在看到狗狗发出明显的安定讯号时，请您采取以下应对方法，并尽量避免让狗狗变得过度紧张。

1. 在实施社会化训练时，采取让狗狗远离会导致其紧张的事物等措施，降低刺激水平。
2. 在教授狗狗行为方式的训练时，降低训练水平。
3. 在进行“停下”等训练时，稍微让狗狗移动一下。
4. 以改变狗粮作为奖励。

如果不采取上述应对措施地继续实施训练，就会让狗狗变得更加紧张。

饲养狗狗之前应当准备的物品

『让狗狗体验讨人喜欢的行为，避免狗狗体验会讨人厌的行为』，为了实践这一准则，首先需要重视狗狗初到主人家时的环境设置。所以，在把狗狗带回家之前，必须提前准备好必不可少的物品。

必须准备的物品

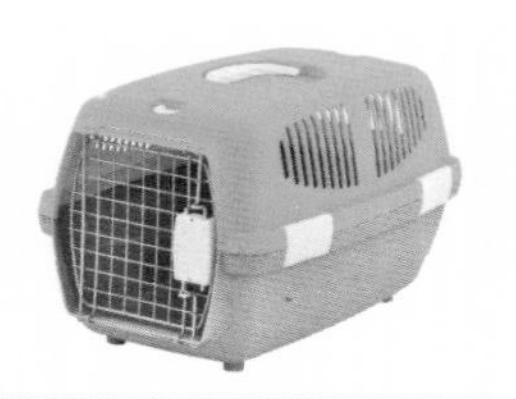

便携式狗笼

可以用作狗狗的睡铺、狗窝。小型犬则备有塑料宠物包（硬质塑料）。如果里面空间过大，狗狗可能会在里面大小便。因此，最好选择仅能让狗狗在里面转身的大小。

消臭喷剂

当狗狗把小便或大便拉到厕所以外的地方时使用。在清扫完排泄物之后，喷大量消臭喷剂，以消除异味。同时还具有除菌效果，就算是狗狗一直在室内活动，也可以保持室内清洁。

尿垫

材料为吸水性很强的聚合物，可以快速吸收狗狗的小便，即便狗狗踩在已吸收小便的尿垫上也不会弄脏脚底。在训练狗狗上厕所时，需要把尿垫铺满狗狗厕所底部，推荐您多买一些储备起来。

狗狗厕所

组装后作为狗狗的厕所使用。因为需要和便携式狗笼组合使用（请参考 P41 带院子的房子），所以在挑选狗狗厕所时，尽量使门的大小和形状与便携式狗笼的门贴合。

禁咬喷剂

喷剂的味道是狗狗讨厌的苦味，把喷剂喷在家具等上面，可以防止狗狗啃咬。可以用于防止狗狗轻咬。其苦味是从天然植物成分中提取出来的，即使狗狗真的啃咬，也不会对狗狗的身体造成伤害。

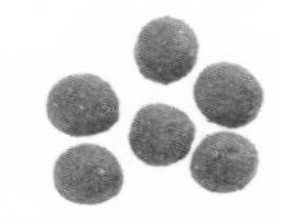

干狗粮

为狗狗准备在宠物店或犬舍时吃过的狗粮。之后，随着狗狗长大，可以根据饲养的狗狗选择合适的狗粮。

食盆

材料坚固，不易损伤，稳定性强。可以用于狗狗饮水。

狗狗零食袋

在正式开始狗狗的社会化训练之后，便于携带的狗粮容器就变得很重要。把狗狗零食袋系在腰间，可以快速取出用于奖励的狗粮。

项圈、牵引绳

为了驯养狗狗，在开始饲养时就需要准备。

绳结玩具、毛绒玩具

用来让狗狗追逐、拉扯的玩具。

宠物用奶酪

可以薄薄地涂在葫芦玩具内部的奶酪。

葫芦玩具

橡胶制成的玩具，在社会化训练中能起到很大作用。

咬胶、磨牙棒

用于防止狗狗轻咬。尤其是在刚长牙到换牙这一段时间，狗狗经常会啃咬东西，这时候需要给狗狗可以啃咬的咬胶（左）和磨牙棒（右）等。

※ 这些可以啃咬的商品要到狗狗 2 月龄大时才给它。在还没有达到适当月龄时，必须给狗狗很少一些，并通过观察狗狗的大便等情况尝试使用。

狗狗玩具的种类

以下物品可以总称为玩具，但是种类繁多，用途也各不相同。如果感觉需要，可以逐渐为狗狗准备这些玩具。

橡胶玩具

以葫芦玩具为代表的橡胶玩具。把泡软的狗粮或奶酪涂在玩具里面给狗狗。

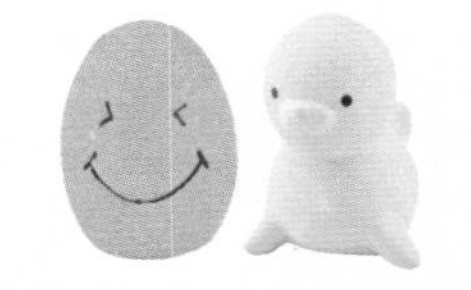

天然橡胶玩具

材料为天然橡胶，狗狗啃咬的时候会发出声音。相比橡胶玩具，材料更轻薄。

树脂类玩具

材料为塑料或尼龙，可以代替骨头。狗狗咬起来很舒服，持久耐用。

毛绒玩具

狗狗可以啃咬、来回甩动、拉扯。因为狗狗会非常喜欢，可以多准备几种。

智育玩具（狗狗自己玩）

漏食球（左）和漏食瓶（右），是可以让狗狗自己玩的玩具。在玩具中放入狗粮，狗狗可以用鼻子和脚转动玩具，把狗粮弄出来（请参考 P130）。

玩具球

用于捡球游戏。在刚开始饲养的时候，请使用附有系带的玩具球。

木头玩具

用梨木或樱木制成，即使狗狗啃咬也不会出现毛刺。

绳结玩具

主要是用线绳制作而成。和毛绒玩具一样，狗狗可以拉扯玩耍。

智育玩具（主人和狗狗一起玩）

漏食转盘等玩具，其原理是让狗狗通过不断尝试转动盘子（用头部）得到狗粮（请参考 P148）。

准备工作

把狗狗带回家之前的环境设置

训练狗狗上厕所是最需要重视的事情，为了成功引导狗狗学会上厕所，主人首先要考虑的就是如何安排狗狗厕所的位置。

此外，还需要考虑狗狗的生活环境设置，比如，狗狗是否可以安心睡眠、是否会感到寂寞、是否可以预先防止狗狗调皮行为等。

请参考下面的插图安排房间的布局和设施等，从而让狗狗可以安全、舒适地生活。

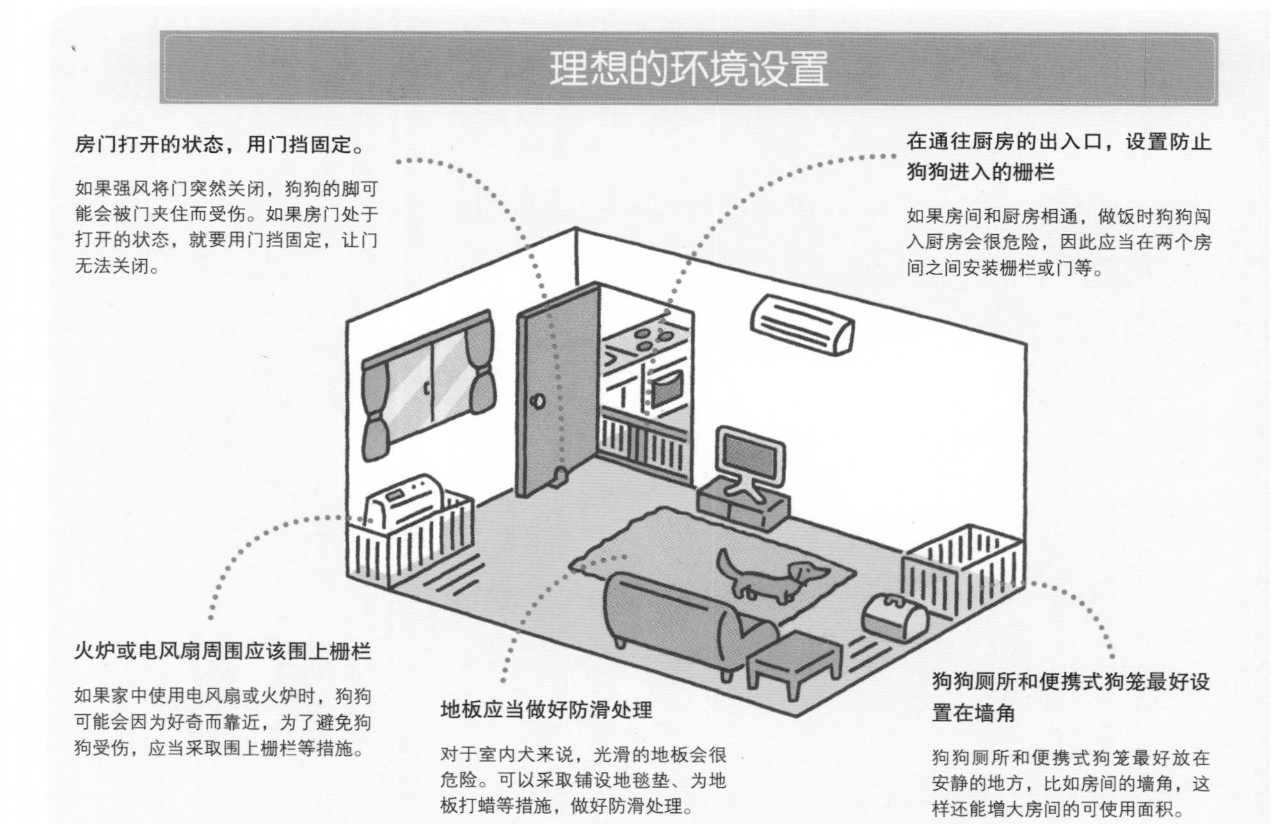

准备工作

主人和狗狗之间的理想关系应该像父母与子女一样

据说，在人们饲养狗一般用于看门的年代，狗狗和主人之间是主仆关系、服从关系。然而，现在狗狗对于主人而言，就像是家人一样。

更确切地说，主人和狗狗之间应该像父母与子女一样。可以说这个观点和以往完全不同了。

狗与狼的行为特征和思考方式不同，但它们的祖先都是狼。但是，狼是群居动物，狼群由头狼和跟随头狼的成员构成，而狗狗的生活环境则是由家庭（父母和子女）构成。

所以，当主人把小狗带回家后，应该努力将自己变成狗狗的父母，像对待自己的子女一样对待狗狗。

失败的环境设置

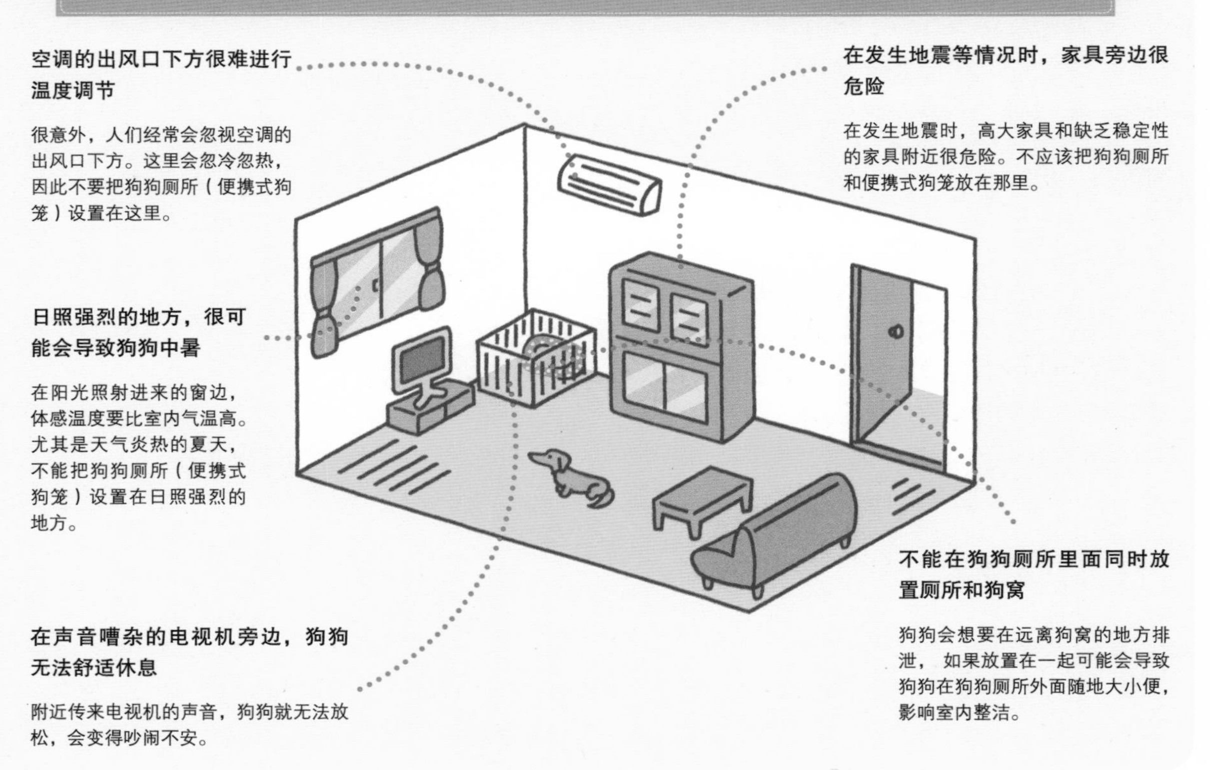

空调的出风口下方很难进行温度调节

很意外，人们经常会忽视空调的出风口下方。这里会忽冷忽热，因此不要把狗狗厕所（便携式狗笼）设置在这里。

日照强烈的地方，很可能会导致狗狗中暑

在阳光照射进来的窗边，体感温度要比室内气温高。尤其是天气炎热的夏天，不能把狗狗厕所（便携式狗笼）设置在日照强烈的地方。

在声音嘈杂的电视机旁边，狗狗无法舒适休息

附近传来电视机的声音，狗狗就无法放松，会变得吵闹不安。

在发生地震等情况时，家具旁边很危险

在发生地震时，高大家具和缺乏稳定性的家具附近很危险。不应该把狗狗厕所和便携式狗笼放在那里。

不能在狗狗厕所里面同时放置厕所和狗窝

狗狗会想要在远离狗窝的地方排泄，如果放置在一起可能会导致狗狗在狗狗厕所外面随地大小便，影响室内整洁。

努力将与狗狗的关系构建成“亲子”关系

为了实现与狗狗的幸福生活，主人应当将狗狗当成自己的子女一样对待。狗狗因为非常喜欢“妈妈”，所以想待在“妈妈”身边；因为非常喜欢“爸爸”，所以会将视线投向“爸爸”……所以，狗狗的主人应该努力成为狗狗的理想父母。

如何与狗狗构建出“亲子”式的理想关系，需要注意以下4项。

喂狗狗食物

为了让狗狗感受到“妈妈给我做了好吃的饭菜，我很喜欢妈妈”，主人一定要向狗狗传达一个信息，即表明自己会确保为它提供食物。

第二部分中介绍的“用手喂狗粮”就是最有效地传达这一信息的喂食方式。

让狗狗安心

“责骂”会让狗狗感觉主人很恐怖。因为狗狗无法像人类一样理解人类的语言，也就无法确定自己为什么会被主人责骂，所以狗狗会变得不安。主人应当在狗狗感到安心的前提下教会狗狗讨人喜欢的行为，并经常夸奖狗狗。

陪狗狗玩游戏

主人要努力让狗狗感觉到“主人经常陪我玩游戏，我很喜欢主人”“和主人一起玩要比自己玩要或和其他狗狗玩要开心多了”。为此，主人需要了解正确的游戏方法和陪狗狗玩要的方法。

为狗狗决定所有事情

要向狗狗传达一个信息，即食物内容、游戏的开始和结束、行动范围、遛狗目的地……一切都应该由主人决定，就像低年龄儿童的所有事情都由父母决定一样。

预备知识

疫苗接种

为了预防传染病而接种的疫苗可以分为两种。第一种是针对犬细小病毒病、犬瘟热等的混合疫苗。另一种是针对狂犬病的预防疫苗。

现在，在购买小狗的时候，一般都已经接种了第一次混合疫苗。很多宠物医生建议要为狗狗注射3次混合疫苗，因此，主人应当带狗狗到动物医院接种另外两次混合疫苗。

另外，三次接种的间隔一般是3~4周。宠物医生一般推荐在接种第三次混合疫苗的两周后开始遛狗。

此外，狂犬病疫苗一般是在接种第三次混合疫苗的一个月后接种。

小狗接种疫苗计划的实例

※关于接种疫苗的时间、次数以及混合疫苗的内含物，请与宠物医生协商决定。

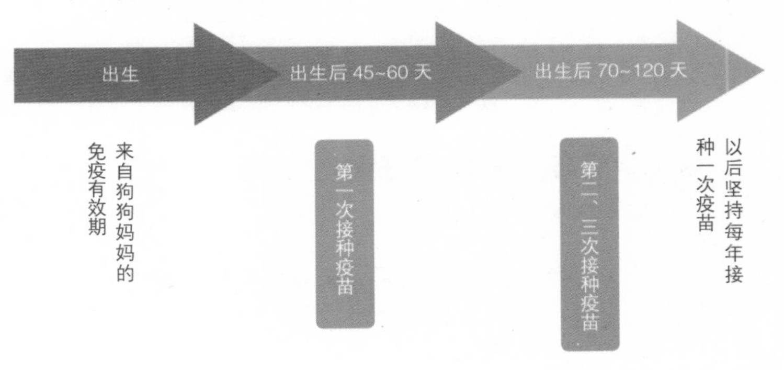

预备知识

新主人症候群

在主人把狗狗带回新家之前，狗狗一直是生活在犬舍或宠物店里的。这样的环境变化会使狗狗变得紧张，如果狗狗不能适应紧张状态，有可能会在适应新环境的过程中生病（新主人症候群）。

最初的症状是食欲不振，之后就会开始出现拉肚子等症状。如果狗狗开始呕吐，很可能导致出现脱水症状，如果不进行正确的治疗，甚至会导致狗狗死亡。

一般情况下，狗狗会在被新主人饲养的一周内变得非常紧张。所以，在这段时间内，主人应当注意为狗狗提供良好的环境，使狗狗可以安静地休息。

狗狗和法律

了解与狗狗相关的法律

开始养狗之后，就必须到当地的行政机构登记。日本《狂犬病预防法》的规定如下：

出生后91天以上的狗狗应当登记，并发放许可证。

每年必须接种狂犬病疫苗。

狗狗必须佩戴许可证和注射凭证。

此外，与日本动物保护和管理相关的法律中明确规定的基本原则是“必须根据该动物的品种、习性等进行饲养”“饲主要做到尽量不给别人添麻烦”。

如果这里的“动物”是狗狗，就要求狗狗主人尽量不让狗狗感到紧张，不给周围的人添麻烦。也就是说，要以正确的方式饲养狗狗，“正确的方式”也是主人在饲养狗狗时应当承担的义务。

※在日本与动物保护和管理相关的法律规定：
饲养者必须具有传染性疾病的相关知识，并采取必要的预防措施；到其生命结束为止，必须正确地进行饲养（终生饲养）；必须保证有能力对其进行正确繁殖和正确饲养；如有任意杀害或伤害动物者，处以两年以下劳役或两百万日元（约12万元人民币）罚金。

预备知识

如何选择动物医院

在现代社会，动物医疗与人类一样，具有科学化和专业化的特征。很多动物医院已配置有MRI和CT等检查设备。当然，有的动物医院只配置有X光等基础设备。

可能有些狗狗主人不知道该选择哪家动物医院才好。因此，本书总结了选择医院时应当注意的事项供您参考。

在附近的口碑如何？

可以询问一下已经到该医院就医过的狗狗主人的意见，更要着重听取那些明明住在医院附近，却绕远到别的医院去就医的狗狗主人的意见。

是否需要手术同意书？

手术同意书是指向狗狗主人提供必要的信息，并基于以上信息获取狗狗主人的同意，并对进行某项检查、服用某种药物等进行详尽易懂的说明。此外，对于狗狗主人提出的疑问，是否不厌其烦地给予解答。这些都是需要确认的事项。

结账时的费用计算是否清晰？

动物医院普遍是自由诊疗，因此即使治疗内容相同，不同的医院收费也可能不同。但是，如果明明是在同一家医院接受治疗，费用却不一样，那就有问题了。在最后付账时，请确认医院方面是否提供费用明细单。

是否可以马上带着狗狗前往医院？是否可以轻松咨询？

如果出现问题，是否可以轻松咨询？是否可以马上带着狗狗前往医院？这也是需要注意的重要事项。最理想的是，可以带着狗狗走路前往的医院。

设备是否完备？医疗水平是否高超？是否由专业医生提供治疗？

这样的好医院一般是大学附属医院，数量比较少，可以作为选择医院时的一项参考因素。但是，这一项内容可能会与第四项出现冲突。

是否提供深夜急救治疗？

人突发急病时，可以拨打119，呼叫急救车。但是，如果狗狗突发急病就不行了。是否可以在深夜提供治疗，这也是您选择医院时的一项重要参考事项。

以上是选择动物医院时需要注意的6个事项。但是，想要找到满足全部事项的动物医院也是很难的。

本书推荐您选择可以满足事项1~4的医院，当该医院无法诊治时，他可以介绍满足事项5~6的其他医院。其实，在城市里也有专门接诊紧急病例的医院，狗狗主人可以把这些医院作为需要深夜急救时的医院，这也不失为一种好的选择。

饲养狗狗需要花费多少钱?

在开始饲养狗狗之前（请参考P22~P23），为狗狗备齐生活用品、玩具等整套的物品，甚至还应当考虑好驯养狗狗的相关费用（驯养教室）等。而且，为保障爱犬健康，从狗狗出生开始，每天的狗粮和定期的预防接种费用等也是必不可少的。

根据狗狗品种不同，有的狗狗可能还需要毛发修剪以及服装、饰品等费用。下表中列出了饲养玩具贵宾犬时所需的费用，请您参考。

实例：饲养玩具贵宾犬所需的主要费用

※根据所处地点和狗狗品种不同，医疗和护理的费用也会不同。以下均为预估费用，仅供参考。

可能需要的费用		每年所需的费用		开始饲养时所需费用	
阉割手术	1200~2000元	混合疫苗接种	300~600元	驯养教室等 小狗教室 初级教室	 1200元 2200元
避孕手术	2000~3000元	狂犬病预防接种	200元		
生病、受伤时的治疗费用	不等	丝虫病等的预防药物	600元		
		体检	250元		
		狗粮	2200元	整套的生活用品和玩具（请参考P22~P23）	2000元
		零食	800元	混合疫苗接种（两次）	600~1200元
		狗狗厕所用品	900元	狂犬病预防接种	200元
		护理用品等	300元	体检	250元
		游戏用品等	不等	养狗登记	200元
		毛发修剪	5000元		……

我是一个人生活，是否可以和狗狗好好相处？

请您仔细阅读本书，确认一下自己能否做到书中要求的事情。即使您感觉一个人无法做到，如果依靠其他人的帮助完成了，也没有问题。在整个养狗过程中，从开始饲养狗狗到完成社会化训练为止（Part2~Part6）的这段时间最为重要。

如果您是一个人生活，白天只是让狗狗待在狗狗笼子里，很可能会出现“怎么也学不会上厕所”“无法实现社会化训练”等问题。但是，如果在这个时期您能充分利用宠物保姆和宠物寄养所等协助驯养，这些问题就可以得以解决。

事实上，有很多狗狗主人都是一个人生活，他们都能与狗狗很好地相处，一起度过幸福的生活。

※上厕所的驯养和社会化时期的训练不成功，在无法实现和狗狗幸福生活的原因中排名前两位，这与是否是一个人生活无关。

狗狗的品种不同，驯养方法是否也不一样？

以人类为例，有的孩子擅长绘画，有的孩子擅长唱歌，有的孩子擅长体育，有的孩子擅长理科，每个人都不一样。但是，每个人需要掌握的九年义务教育的课程都是一样的。

狗狗的驯养也是一样。虽然不同品种的狗狗，对驯养方法的适应情况不同。但是，驯养是必不可少的。为了让每一只狗狗都能舒适、安全地享受日常生活，不会感到紧张，本书中列举的各个驯养项目的难度是每一条狗狗都可以掌握的。有效、高效的驯养课程适用于各个品种的狗狗。

我已有一条狗狗，想再养一条，饲养多条狗狗有什么秘诀吗？

在教给狗狗足够多的良好行为、充分进行社会化训练之前，每条狗狗必须分别训练。如果在第一条狗狗（原有的狗狗）还没有达到理想状态的情况下，就把第二条狗狗带回家里，最终可能"逐二兔，不得一兔"。理想的情况是，在第一条狗狗已经得到充分驯养，并且已经到了平静年龄（3岁左右）以后，开始饲养第二条狗狗。

如果原有的狗狗已经得到充分驯养，并且已经到了平静年龄，随着新带回家的狗狗开始逐渐实现社会化，并理解讨人喜欢的行为之后，两条狗一起活动的时候就会增多，主人的负担也会减轻。但是，想要达到这种状态，驯养两条狗狗所需的时间和劳力远比只饲养一条狗狗多得多。

如果您已经理解了以上事项，并做好了充分的思想准备（对于时间、劳力、成本负担等的思想准备），那么同时饲养几条狗狗也是可以的，其中的乐趣是只养一条狗狗的人无法体会的。

※最好是在第一条狗狗已经完成驯养，并且已经到了平静年龄（3岁以后）时，再带第二条狗狗回家。但是，如果第一条狗狗的年龄已经超过8岁，体力已经衰退，很有可能被精力旺盛的小狗压过风头……所以，带第二条狗狗回家的最佳时机是原有狗狗的3~8岁。

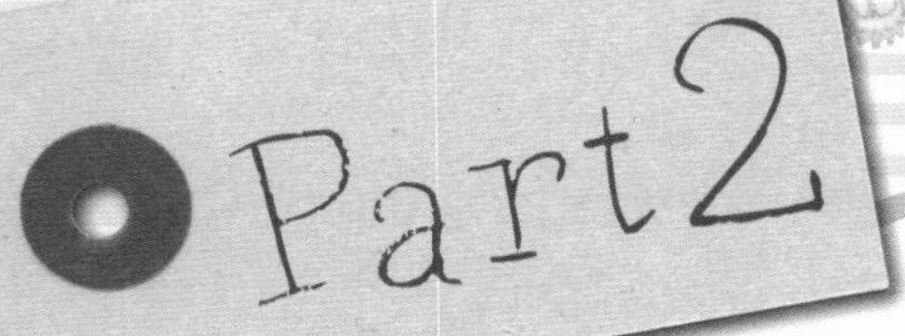

开始养狗之后的一周

出生后2月龄的狗狗，
相当于人类2~3岁的幼儿。
最开始时要训练狗狗适应新的环境和学会上厕所。

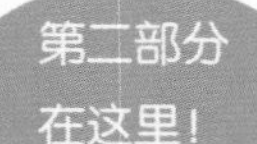

本书各个部分		Part2	Part3	Part4	Part5	Part6	Part7	Part8
疫苗	第一次 自第一次疫苗接种起两周后		第二次	自第二次疫苗接种起两周后	第三次 自第三次疫苗接种起两周后			
狗狗的周龄和月龄	7周龄 8周龄 2月龄	9周龄左右	10周龄左右	11~12周龄	3月龄左右	4~5月龄 出生后150天左右	5~7月龄	第二性征期以后

狗狗的周龄、月龄与本书各个部分的对应关系表

本书各个部分		Part2	Part3	Part4	Part5
疫苗	第一次 自第一次疫苗接种起两周后		第二次	自第二次疫苗接种起两周后	第三次 自第三次疫苗接种起两周后
狗狗的周龄、月龄	7周龄 8周龄 2月龄	9周龄左右	10周龄左右	11~12周龄	3月龄左右
人类的年龄	2~3岁	3岁	4岁	5岁	
	开始饲养	社会化期			
驯养教室					快乐班

Part6	Part7	Part8
可以遛狗	可以遛狗	可以遛狗
4~5月龄 出生后150天左右	5~7月龄	第二次性征期以后
8~10岁	10~14岁	
社会化期	第二次性征期	
快乐班 初级班	初级班 （初级班结束后，进入更高水平的班级）	初级班 （初级班结束后，进入更高水平的班级）

从第二部分开始，本书就进入了具体训练和社会化的部分。为了更加具体地论述，本书在此处将以实例说明。实例中的小狗在45日龄时进行第一次疫苗接种，并从出生后2月龄开始饲养。

※假定疫苗接种的最短间隔为3周。

※每条狗狗的疫苗接种时间、开始饲养时间可能都不一样。无论如何，请您首先确认第二部分的内容，再开始阅读接下来的部分。

“像对待家人一样把狗狗接回家里，就算一开始很困难，将来也想让狗狗在家里自由、快乐地生活。”最初您应该是这么想的吧。

但是，让狗狗自由活动是有条件的。首先，要让狗狗学会上厕所。其次，即使主人看不到，狗狗也不会调皮。不过，即使采取了相关措施，比如教给狗狗很多讨人喜欢的行为，不让狗狗体验和学习那些让人讨厌的行为等，在一年之内也要时刻关注狗狗是否调皮。

而关于狗狗上厕所的驯养，只要采取了正确的训练方法，一周之内基本上就不会有问题了，到一个月之后就可以完全放心了。

为实现上述目标，我们先学习训练狗狗上厕所的方法，希望您能掌握。

上厕所的训练、便携式狗窝的训练

可以通过体验让狗狗学习上厕所。排泄行为本身是一件快乐的事情，不管是在哪里排泄，狗狗都会感到开心，这一点绝对不能忘记。

“如果在某处排泄，就会发生好的事情”，狗狗会把排泄时的快乐感觉与某处联系起来记忆，并重复这种获得奖励的行为。相反，如果排泄失败，狗狗就会记住在该场所排泄的失败行为。

重要的是，不能让狗狗体验失败。首先，只要在一周内，成功地教会狗狗不在狗狗厕所以外的地方排泄，那么可以说狗狗上厕所的训练就成功了八九成。

Q&A 狗狗厕所和狗笼、便携式狗笼有什么不一样吗？

不要用狗狗厕所把狗狗圈起来，更不可以把狗狗放在里面搬运。可以用来搬运笼狗狗的是便携式狗笼和狗笼。

便携式狗笼和狗笼的区别在于是否便于从外面观察狗狗情况。狗笼可以一目了然地观察狗狗，便携式狗笼则很难看清楚。狗狗喜欢把光线暗且适度狭窄的地方当作窝或床。也就是说，便携式狗笼更受狗狗喜欢。如果把便携式狗笼当作窝，因为其可以移动，更能缓解狗狗外出时的紧张情绪。如果是小型犬，也可以把塑料材制的拉杆箱当作便携式狗笼使用。

本书在介绍饲养环境时，把便携式狗笼视为狗狗的床，而把狗狗厕所整体当作厕所。

	狗狗厕所	狗笼	便携式狗笼
把狗狗放在里面移动	×	○	○
里面无法看清（＝可以安心地休息）	×	×	○

※便携式狗笼的大小，以狗狗能在里面轻松地转身为佳。

把狗狗放进便携式狗笼，将其从宠物店和犬舍带到家里

为了缓解狗狗的紧张情绪，并保证其安全，在带着狗狗移动时应当使用便携式狗笼（请参考P22）。如果是小型犬，可以使用塑料拉杆箱。

此外，把狗狗带回自己家里时，应当向宠物店店员或犬舍确认狗狗最近一次上厕所的时间。

狗狗很讨厌身体被自己的排泄物弄脏，这是狗狗的天性。因此，狗狗在狭窄的空间里时，为了避免弄脏自己的身体，会极力忍耐着不排泄。

如果让狗狗待在便携式狗笼里，2月龄的狗狗一般可以忍耐3个小时不排泄。

※如果是白天，处于社会化期的狗狗可以忍耐小便的时间是狗狗的月龄加1小时。也就是说，2月龄的狗狗可以忍耐小便3小时，3月龄的狗狗可以忍耐小便4小时。

※即使在便携式狗笼里铺上尿垫，有的狗狗也不会在便携式狗笼中排泄。因此，请注意不要在便携式狗笼里铺尿垫。

训练狗狗成功地完成第一次上厕所

现在，狗狗来到了家里。不能因为您想和狗狗一起玩耍，就马上把狗狗放在客厅里。很多主人最初会让狗狗在狗狗厕所以外的地方排泄，但是，这样做的话以后再训练狗狗上厕所就很辛苦了。

上文中提到向宠物店店员或犬舍确认狗狗最近一次上厕所的时间。在距离这一时间2~3小时之内，不要把狗狗放出便携式狗笼，这是训练狗狗成功地完成第一次上厕所的关键。

狗狗在便携式狗笼中休息的时候，请您为狗狗准备好厕所，并在狗狗厕所里铺上尿垫，这里就变成了狗狗的厕所。

等到了预定时间，首先要让狗狗进入狗狗厕所。如果狗狗已经憋了2~3个小时，一到宽敞的地方，狗狗应该立刻就会开始排泄。

狗狗厕所里整体铺上尿垫后的状态。

小便之后喂狗狗吃一粒狗粮，并将其放到客厅

如果狗狗在厕所小便了，就喂它吃一粒干狗粮，并给予称赞。这样狗狗就知道在狗狗厕所里排泄就会获得奖励。

然后把狗狗放到客厅里，陪它玩耍，抚摸它，并用手喂它吃干狗粮，使狗狗明白在狗狗厕所里排泄能够获得很多奖励。

如果狗狗不小便，就把它放回到便携式狗笼里

把狗狗放到狗狗厕所里，观察1~2分钟，如果狗狗还不排泄，就把狗狗放回到便携式狗笼里，让狗狗再憋尿30分钟左右。然后再次把狗狗放到狗狗厕所里。

重复上述操作，一定要让狗狗在狗狗厕所里完成第一次排泄。

最近一次小便3个小时之后，将狗狗从便携式狗笼中抱出，放进狗狗厕所里。

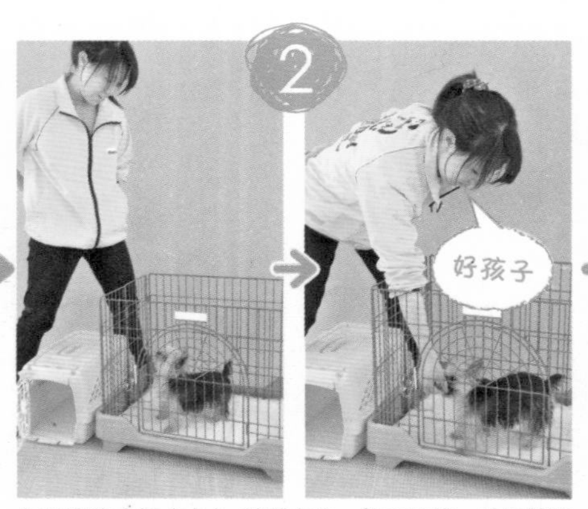

如果狗狗小便（右），就喂它吃一粒干狗粮，并称赞狗狗“好孩子”等。

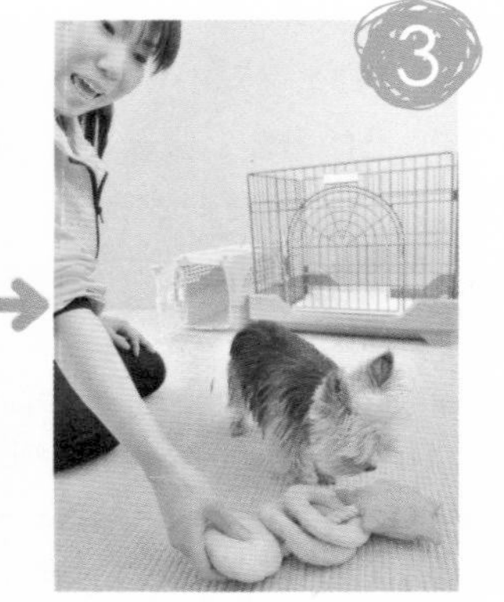

把狗狗放到客厅里，陪它玩玩具。

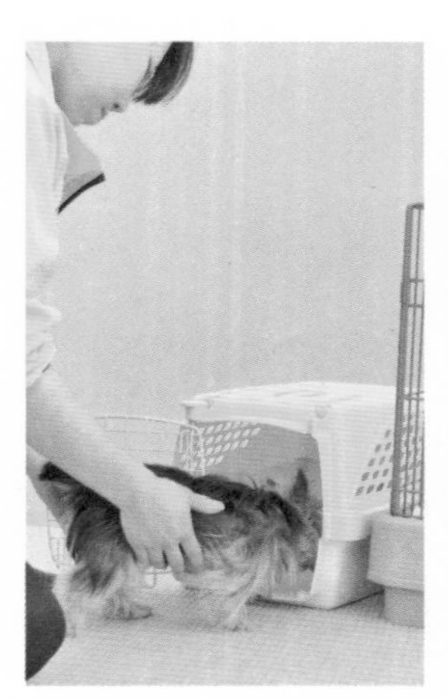

把狗狗放到狗狗厕所里，如果1~2分钟后还不排泄，就暂时把狗狗放回到便携式狗笼里。

在把狗狗放回到便携式狗笼里时，如果抓住狗狗的前腿抱起，会对狗狗的前腿根部造成负担，一定要注意。

※关于把狗狗从便携式狗笼放回狗狗厕所里时的抱法，请参考P57。

大便也不能失败

把狗狗从便携式狗笼里放到宽敞的地方后，狗狗很快就会小便。但如果是大便，则需要稍微活动一会儿，让其肠道活跃起来后才会有便意。

狗狗在客厅里玩耍时，要时刻注意观察。如果狗狗突然变得慌张，闻嗅地板的气味，来回原地打转（有的狗狗的肛门还会一张一合），那就是它要大便了。

如果出现了这样的信号，要立刻把狗狗放进狗狗厕所，大便也绝对不能失败。如果狗狗成功地在厕所里大便，要像对待其小便时一样，喂狗狗吃一粒狗粮，并加以称赞。

当狗狗呆在客厅里时，要注意时刻观察

有的狗狗会在第一次小便之后10分钟左右，进行第二次小便。如果因为狗狗刚小便过，就放心地不管不顾了，那么狗狗可能会在客厅里小便。很多狗狗主人都有过这样的经历。

无论是排泄失败，还是狗狗的调皮行为，都是发生在主人没有注意的时候。因此，当狗狗在客厅里时，要注意时刻观察狗狗的行为，只要出现上述大便的信号，要立刻把狗狗带到厕所，彻底杜绝排泄失败。

如果有别的事情，暂时不能观察狗狗，那么必须把狗狗放回便携式狗笼，事情办完之后再把狗狗放出来。这就是不让狗狗体验到排泄失败或调皮行为的秘诀。

让狗狗在客厅里玩30分钟，然后将其放回便携式狗笼

2月龄的狗狗一天中大约六分之五的时间都在睡觉。人类也是一样，幼儿需要充足的睡眠，因为幼儿睡着时会分泌生长激素。

一般情况下，2月龄狗狗的平均小便周期为3个小时。如果一天中六分之五为睡眠时间，那么最佳模式是让狗狗在客厅里玩30分钟，余下的2小时30分钟则应该在便携式狗笼里休息。

让狗狗爱上便携式狗笼

在把狗狗放回便携式狗笼里之后，必须要喂狗狗吃狗粮。无论是用手直接喂食，还是在便携式狗笼里撒几粒狗粮都可以。要向狗狗切实传达一条信息：只要进到便携式狗笼里，就会获得奖励。

有的狗狗主人可能会认为，狗狗呆在便携式狗笼里睡觉太可怜了。其实不然，狗狗原本就习惯在光线暗且适度狭窄的地方睡觉。有的狗狗主人可能会感觉这是强制把狗狗关起来，狗狗会非常讨厌这些地方。其实狗狗并不这么想，有的狗狗在想睡觉的时候还会自己钻进便携式狗笼里休息。

本书中所介绍的使用便携式狗笼的主要目的有三个：一，为了训练狗狗在客厅自由活动时，如果想要上厕所，会自己到厕所排泄；二，为了训练狗狗在收到“房子”这个信号时，会自动进入便携式狗笼，老老实实地待在里面；三，为了避免狗狗做出让人头疼的行为。

如果狗狗记住了如何上厕所，也不再做出调皮的行为，并在收到“房子”这个信号时，主动回到便携式狗笼，那么完全可以让狗狗睡在客厅里它喜欢的地方。为了实现上述状态，请您在开始饲养狗狗时就充分利用好便携式狗笼。

在狗狗厕所里设置厕所和床，这样的饲养方法是否可行?

在狗狗厕所里设置厕所和床，这种方式一般被称为“狗狗厕所饲养法”。狗狗厕所饲养法的最大问题在于，如果把狗狗放到客厅里，有可能它不会返回厕所里排泄，原因是“在远离床的地方排泄”，是狗狗的天性。

狗狗厕所饲养法就是不让狗狗从狗狗厕所里出来的饲养方法。除了上厕所失败，狗狗还会出现吃粪便、猛扑、要求型吠叫等问题。如果您希望将来狗狗可以在家里自由生活，请一定不要采用狗狗厕所饲养法。

基础知识

想让狗狗在便携式狗笼里待3个小时以上时，采用“带院子的独门独户”的方法

如果需要狗狗在便携式狗笼里待3个小时以上时，可以把去掉门的便携式狗笼与同样去掉门的狗狗厕所口对口连接起来。这样，狗狗就可以在想休息的时候进入便携式狗笼，想排泄的时候进入狗狗厕所。

这样的环境设置方法，被称为“带院子的独门独户”。

如果只是把便携式狗笼和狗狗厕所的入口对准连接，可能会出现狗狗可以钻出去的缝隙。因此，需要采取切割丙烯树脂板或厚纸板等措施来消除缝隙。

注意！

有些精力旺盛的狗狗可能会攀爬狗狗厕所，这时可以使用添加屋顶的狗狗厕所，防止狗狗逃出来。

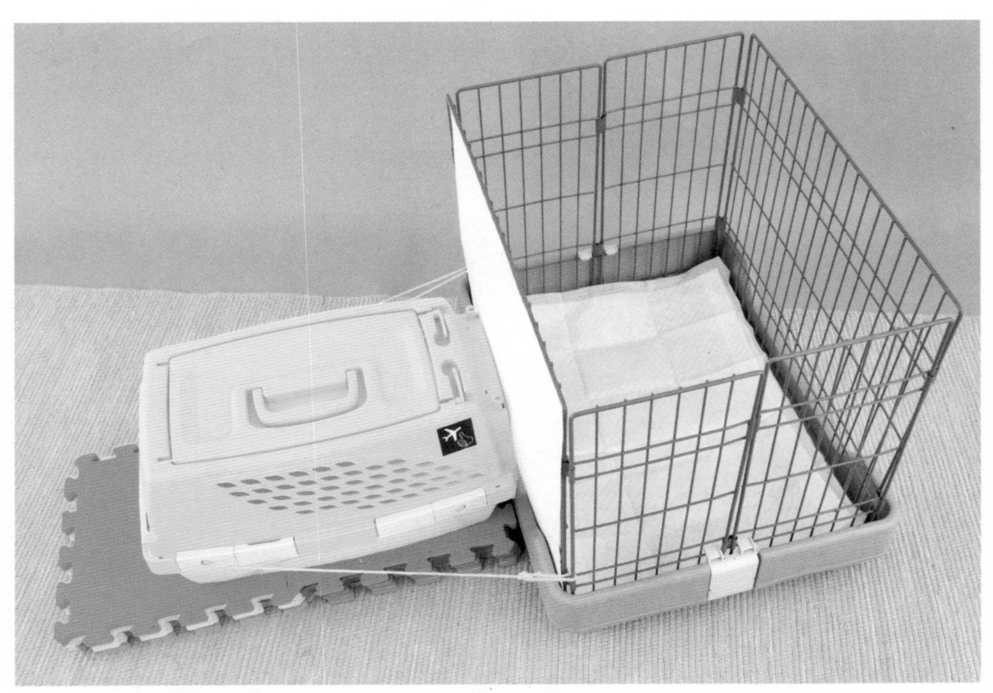

如果便携式狗笼和狗狗厕所的入口面高度不一致，可以在便携式狗笼下方垫上垫子或电话簿进行调整。也可以用丙烯树脂板等填补入口连接处产生的缝隙，并使用橡皮筋等固定，使其无法移动。

训练狗狗上厕所

将狗狗从便携式狗笼引导到厕所

如果狗狗已经学会了进入狗狗厕所里小便，可以用干狗粮引导狗狗，让狗狗学会从便携式狗笼走向狗狗厕所。

这样重复数次之后，当狗狗需要小便的时候，它就会自己走向狗狗厕所。

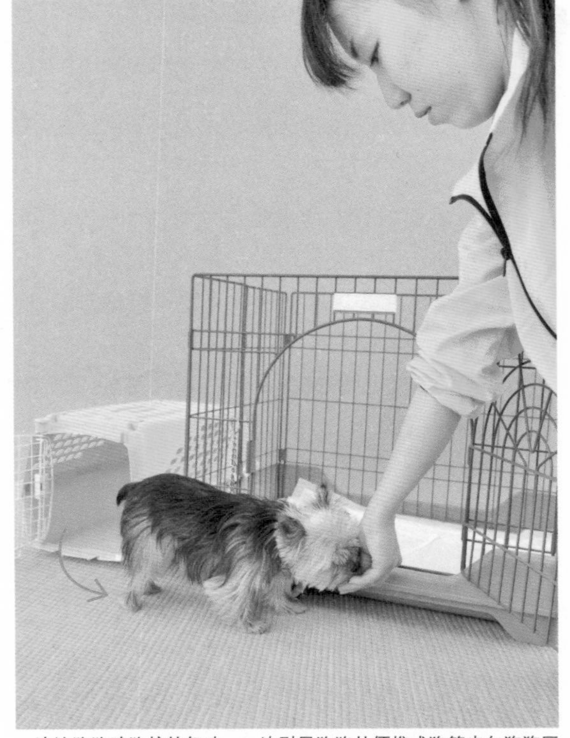

一边让狗狗嗅狗粮的气味，一边引导狗狗从便携式狗笼走向狗狗厕所。

不拿狗粮，只是用手催促狗狗走向狗狗厕所。

把便携式狗笼放在远离狗狗厕所的地方

如果打开便携式狗笼的门之后，狗狗会主动走向附近的狗狗厕所，接下来就可以把便携式狗笼放在稍微远离狗狗厕所的地方。

到了排泄时间，与以前一样，使用狗粮引导狗狗从便携式狗笼走向狗狗厕所。如果不用狗粮引导，狗狗也会走向狗狗厕所，我们可以把便携式狗笼放在更远的位置。

重复上述操作，最终让狗狗体验和学会无论是从客厅的哪个位置，都可以走向狗狗厕所。

如果顺利地实施了P36中记载的上厕所训练，只需大约一周时间就可以实现这一目标。驯养狗狗上厕所，关键在于“如何才能避免狗狗失败”。

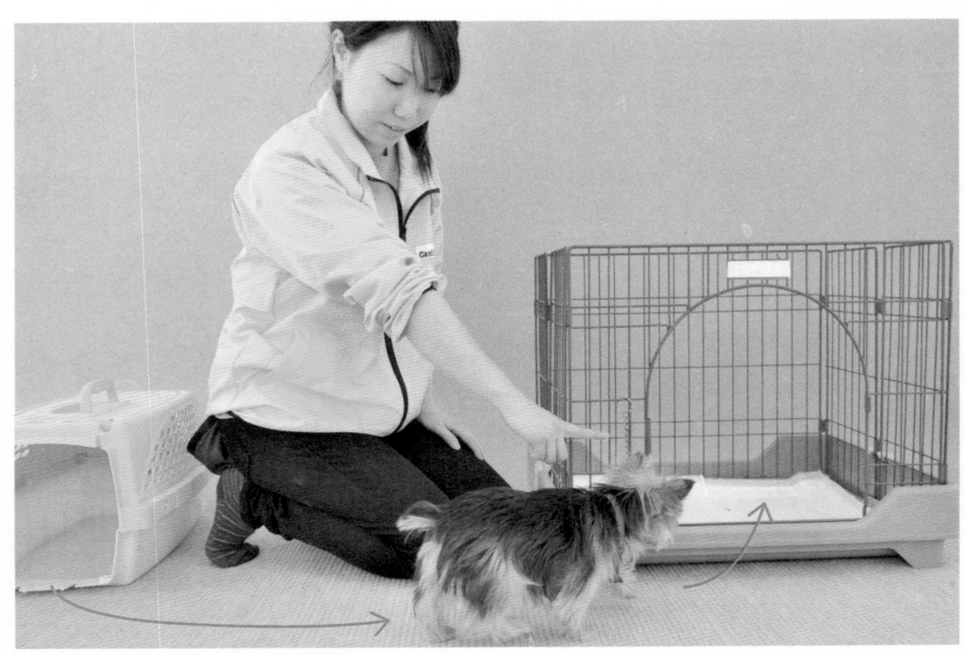

即使把便携式狗笼放在远离狗狗厕所的位置，不用狗粮而只是用手发出信号，就可以让狗狗走向厕所

一个月内，厕所的管理都不能懈怠

如果在一周内没有出现上厕所失败的情况，可以说上厕所训练基本成功了。但是，接下来还需要在一个月的时间内时刻注意狗狗的行为。

哪怕只是失败一次，也要回到起点，重新开始上厕所的训练。

相反，如果一个月内没有失败，可以说狗狗已经完全记住如何上厕所了。

夜间的排泄周期是狗狗的月龄加上2小时

上文中提到，处于社会化期的狗狗可以忍耐着不排泄的时间，白天的排泄时间是狗狗的月龄加上1小时。

而到了夜间，来自周围的刺激和狗狗的活动都减少了，因此狗狗可以多忍耐1小时。也就是说，2月龄的狗狗可以忍耐4小时，3月龄的狗狗可以忍耐5小时。

如果超出这一界限，狗狗就可能会在便携式狗笼中排泄。因此，在开始饲养的时候，要在夜间起床一次，把狗狗带到狗狗厕所。

如果是夜间很难起床的狗狗主人，上厕所训练的效率会减低。但是，您可以采用上文中介绍的“带院子的独门独户”的方法（请参考第41页）。

问题预防

夜间吠叫的应对措施

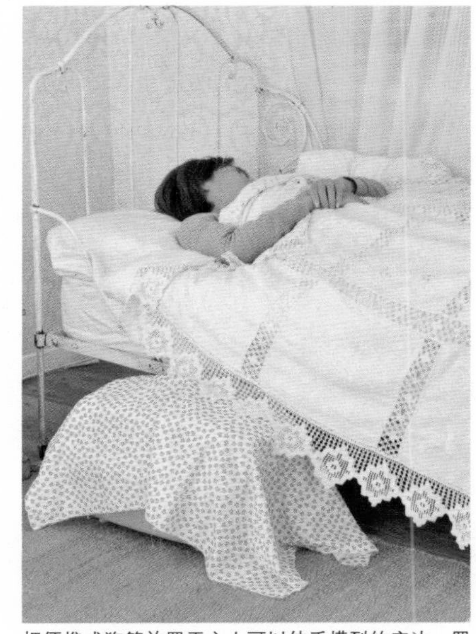

把便携式狗笼放置于主人可以伸手摸到的床边，罩上布，让狗狗睡觉。

如果是轻微的夜间吠叫，可以无视狗狗的这一行为，情况会逐渐得到改善。

这正好印证了“如果某一行为不会获得奖励，那么狗狗做出这一行为的频率就会降低”这一学习模式。

如果是严重的夜间吠叫，那就是需要解决的问题了。一般是因为狗狗感到不安而吠叫，这时候可以将便携式狗笼拉到主人床边，并罩上布，让狗狗睡在主人可以伸手摸到的位置，感受到主人睡觉的气息。在便携式狗笼上罩上布，是为了让狗狗可以更安心地休息。

如果狗狗开始吠叫，可以“砰砰”地轻轻敲击便携式狗笼，向狗狗传达主人就在它身边。这样，大多数狗狗就会很快安静下来。

这种类型的夜间吠叫，是狗狗面对其讨厌的事情而做出的行为。因此，如果狗狗明白了讨厌的情况（孤独、不安、寂寞）不存在，就没有必要再做出该行为了。经过一周时间，夜间吠叫的问题就自然解决了。

问题预防

即使狗狗记住了如何上厕所，仍然不能让其自由活动

正如第二部分的开头部分所提到的，如果想让狗狗在家里自由活动，必须满足两个条件。现在第一个条件基本满足了，即“让狗狗学会上厕所”。但是还没有满足“即使主人看不到，狗狗也不会调皮”这第二个条件。

狗狗是通过体验来学习的，这一点本书中已经提到很多次。因此，如果让狗狗体验调皮的行为，就等于是在让狗狗学习调皮的行为。

即使坚持实施“不让狗狗体验让人头疼的行为”“教给狗狗很多讨人喜欢的行为”等驯养方法，也要时刻注意狗狗的调皮行为。

从7~8月龄开始，到1岁半左右为止，狗狗会趁主人不注意时做出调皮的行为。

主人无法注意狗狗时，请务必让狗狗待在便携式狗笼里休息，不让狗狗体验到调皮的行为。

如果狗狗不愿意进入便携式狗笼，应该怎么办呢？

以前，把狗狗关进便携式狗笼一直是作为惩罚的手段，比如，把狗狗关进便携式狗笼后，采取撞击等手段让狗狗体验恐怖的感觉；便携式狗笼空间过于狭窄，让狗狗感到不快乐……通过这些经历，有不少狗狗会讨厌便携式狗笼（因为会带来讨厌的后果，狗狗不会再做出“进入便携式狗笼”这一行为）。

便携式狗笼不仅有助于进行正确的狗狗上厕所训练和预防狗狗的问题行为，在其他方面也有很多用处和优点，例如，在发生灾害时带着狗狗避难、外出旅行和去医院时减轻狗狗的紧张情绪、把狗狗留在家里时防止事故发生或减轻狗狗的紧张情绪等。所以，如果狗狗不愿意进入便携式狗笼，最终可能会给狗狗带来不幸。

如果狗狗已经开始讨厌便携式狗笼，就要分阶段地教给狗狗“如果进入便携式狗笼，就会有奖励”。

如果遵循以下步骤，即使是讨厌便携式狗笼的成年犬，经过一个月左右的训练，它也会变得爱上便携式狗笼。

※如果延长狗狗待在便携式狗笼里的时间，有的狗狗会开始吠叫或哼叫。此时，主人应该不去管它，直到狗狗停止吠叫或哼叫。如果吠叫变得更厉害了，主人可以轻轻敲击便携式狗笼，让狗狗停止吠叫。如果主人在狗狗吵闹时逗他玩或打开便携式狗笼，这就等于是让狗狗学会了“如果吵闹就会获得奖励”。因此，绝对不能采取这样的应对措施。

1 打开便携式狗笼的门，在便携式狗笼深处放入10粒左右的狗粮，引导狗狗进入便携式狗笼。如果狗狗害怕门发出的嘎吱嘎吱的响声，最开始可以把门卸掉后实施上述操作

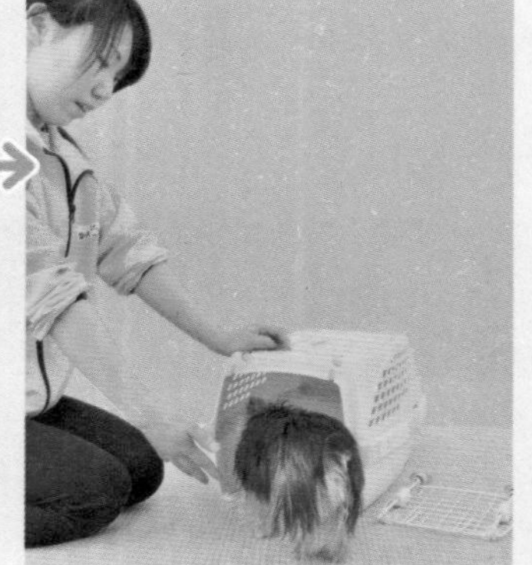

※如果狗狗已经可以顺利进入便携式狗笼，在每次引导狗狗进入之前，对狗狗说“房子”（作为行动之前的预告，教给狗狗信号）。重复上述操作，最终狗狗会对“房子”做出反应，进入便携式狗笼。

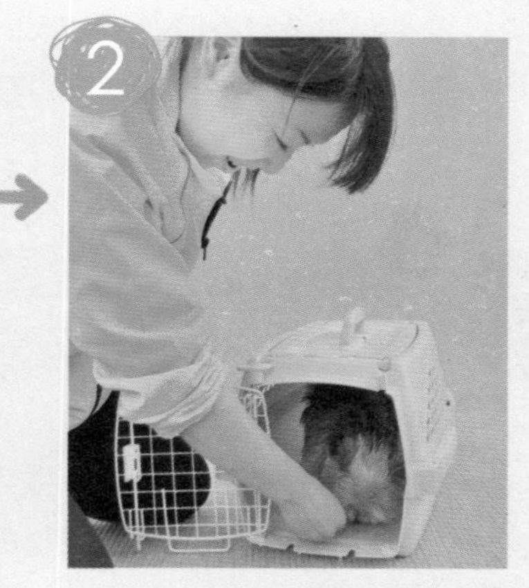

2 如果狗狗已经习惯了后腿也踏入便携式狗笼，在狗狗出来之前，可以往便携式狗笼里一个接一个地放狗粮。只要狗狗明白了“进入便携式狗笼就会获得奖励”，就不会再想着出来。在1分钟左右的时间内放入10粒狗粮，保证狗狗不会从便携式狗笼里出来。

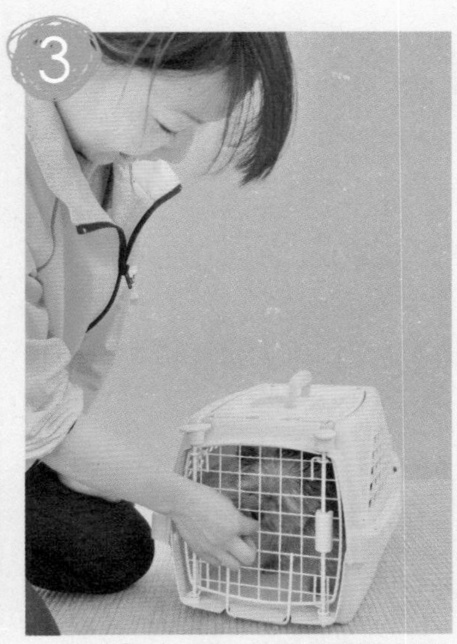

如果步骤②已经完成，可以关闭便携式狗笼的门，再一个接一个地放入狗粮。如果在喂完10粒狗粮之前（狗狗吵着要出去）打开门，之后就不再喂狗粮。对于狗狗来说，门关闭时才会获得奖励，狗狗会逐渐接受这一事实。让狗狗习惯在喂完10粒狗粮之前，它需要静静地等待几分钟。

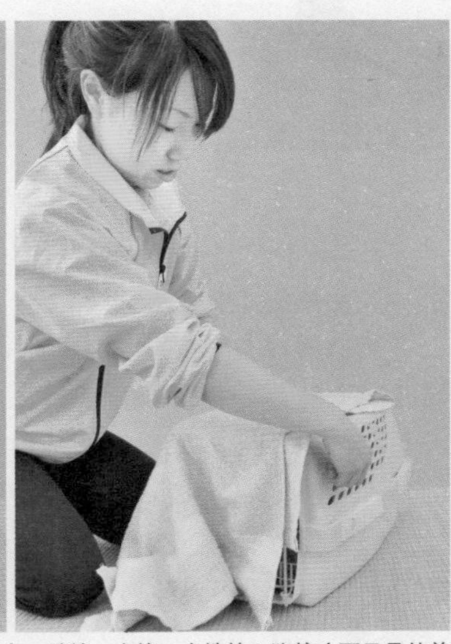

如果步骤③也完成了，在便携式狗笼上罩上布，继续一个接一个地放入狗粮（不只是从前面，还要从侧面放入）。罩布只要盖上能看到狗狗主人的一侧就可以了。如果在喂完10粒狗粮之前（狗狗吵着要出去）打开门，并撤掉罩布，之后就不再喂狗粮。对于狗狗来说，罩上罩布时才会获得奖励，狗狗会逐渐接受这一事实。

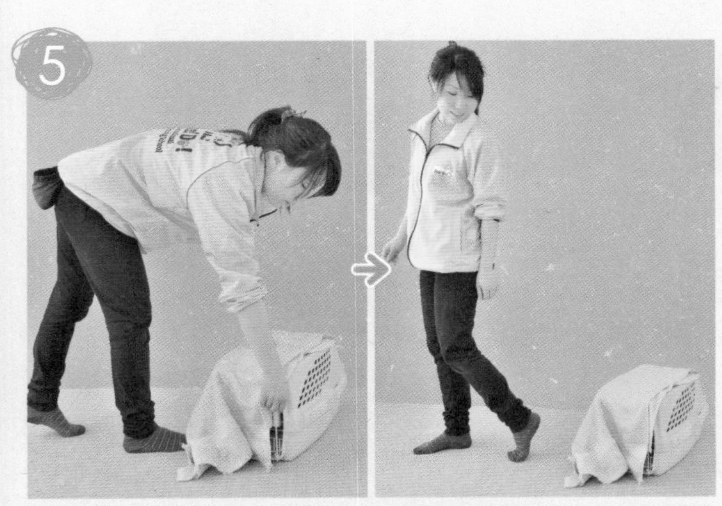

在步骤④罩上罩布的情况下，逐渐拉长放入狗粮的间隔时间。进而，让狗狗逐渐习惯主人会从放置便携式狗笼的地方离开这一事实（采取离开后返回时喂食狗粮或把橡胶玩具或、葫芦玩具等放入便携式狗笼等方法）。

※在步骤①中，有的狗狗可能会害怕便携式狗笼，无论如何都不想进去，或者后腿不进去。在这种情况下，可以将便携式狗笼的上下两部分分离，让狗狗从下半部分的便携式狗笼开始适应。

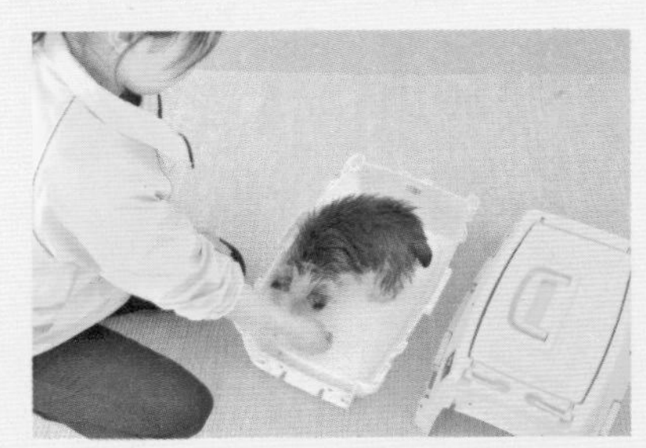

首先让狗狗适应只有下半部分的便携式狗笼。

基础知识

善于称赞狗狗

通过“称赞”，可以教狗狗做出讨人喜欢的行为。这是运用了学习模式A，即“最终提高能够获得奖励的行为频率”。也就是说，“称赞”就是要向狗狗提供“奖励”。

“狗粮”是不管什么样的狗狗都会接受的“奖励”，也是每个人都能提供“奖励”。

但是，在把“狗粮”当作“奖励”使用时，需要注意以下几点。如果做不到，狗狗很可能会变得“如果没有狗粮就不听话”。

为避免发生这种情况，在向狗狗喂食狗粮时，请遵循以下步骤。

善于称赞狗狗 3段式

❶说称赞的话

对狗狗说“好孩子”等称赞的话。

❷喂食狗粮

以握拳的方式把狗粮握在手里喂狗狗。

❸一边喂食狗粮，一边抚摸狗狗

一只手喂狗狗吃狗粮，另一只手抚摸狗狗的胸口等部位。

这被称为“善于称赞狗狗 3段式”。在训练的初始阶段，要严格遵循这一步骤。

如果在喂狗狗吃狗粮之前，总是先对狗狗说“好孩子”，狗狗就会认为“好孩子”这句话是喂狗粮之前的预告，最终狗狗只要听到“好孩子”这句话就会变得很开心。也就是说，只是说称赞的话，就可以让狗狗感觉到“获得了奖励”。

实际上，狗狗不仅擅长感受这种预告，它还能将和“奖励”同时发生的“某事”联系起来。总而言之，在被称赞“好孩子”的同时发生的“被抚摸”，也可以让狗狗感受到“获得了奖励”。

称赞方式衍生出7种类型

如果重复上文所述的“善于称赞狗狗3段式”，最终狗狗会认为称赞的话和抚摸的动作，都属于“奖励”。

称赞方式还可以衍生出以下7种类型，其中3种类型不需要使用狗粮。

称赞方式 7种类型

1. 称赞的话＋狗粮＋抚摸（善于称赞狗狗3段式）
2. 称赞的话＋狗粮
3. 狗粮＋抚摸
4. 狗粮
5. 称赞的话＋抚摸
6. 称赞的话
7. 抚摸

狗狗上厕所训练

不让狗狗感受到手里拿有狗粮的预告

狗狗很擅长感受主人手里是否拿有狗粮。

如果主人手里拿有狗粮，就会听主人的话；如果主人手里没有拿狗粮，就不听话。为防止狗狗变成这样，首先注意不能让狗狗从视觉和听觉上感受到主人拿有狗粮。具体来说，有以下几个注意事项。

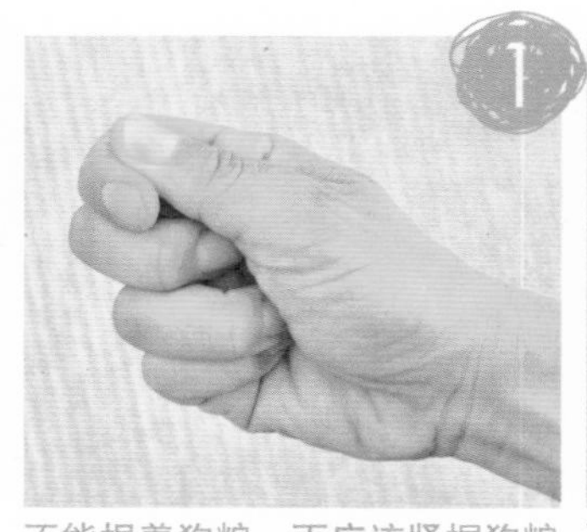

不能捏着狗粮，而应该紧握狗粮

手握狗粮，不让狗狗看到，这一点很重要。如果狗狗可以看到主人拿着狗粮，就会从视觉上确定主人拿有狗粮。

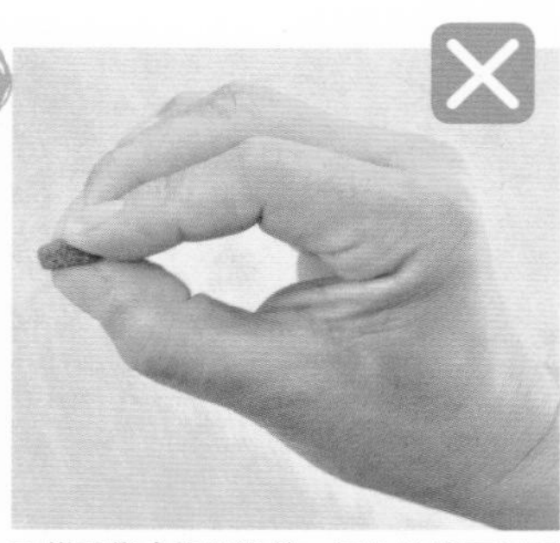

不能用指尖捏着狗粮，因为狗狗可以看到。

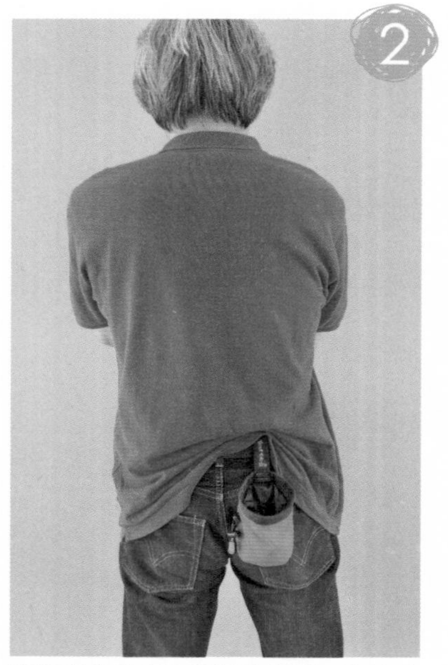

狗狗零食袋应当佩戴在身后，让狗狗无法看到。

为了让在狗狗做出讨人喜欢的行为时立刻得到奖励，主人需要随身携带放有狗粮的狗狗零食袋。如果佩戴在狗狗可以看到的位置，狗狗会从视觉上判断主人是否带有狗粮，因此必须将狗狗零食袋佩戴于身后。

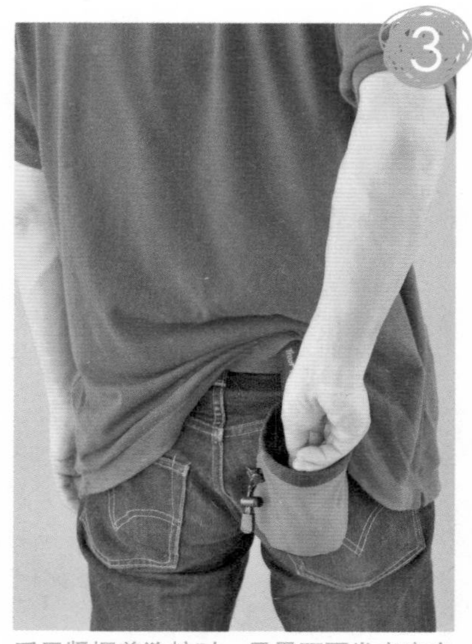

手里紧握着狗粮时，尽量不要发出声音

狗狗对于把狗粮拿到手里时发出的声音也很敏感，因此注意尽量不要发出声音。有的狗狗零食袋在打开和合上开口时会发出声音，有的狗狗零食袋在拉开拉链时会发出声音，请不要选择这样的零食袋。此外，在拿取狗粮时，也绝对不要发出沙沙和嘎吱嘎吱的声音。要提前把狗粮从塑料袋里取出，直接放进狗狗零食袋，需要时一下子就能拿出来。

在狗狗零食袋中放入一天分量的干狗粮

如果不想让狗狗感受到主人为它准备了狗粮的预告，最好的方法是，在早上取出一天分量的干狗粮，放进狗狗零食袋。

即使是用于训练的小型零食袋，也能装下体重7公斤左右的狗狗一天分量的狗粮。

而如果到了晚上狗狗睡觉时，零食袋变空了，这就意味着这一天喂狗狗吃了适量的干狗粮。

在进行社会化的其他训练时，注意妥善利用和分配一天分量的狗粮，以确保在一天之内把狗粮喂完。

早上计算好一天的分量，然后放进狗狗零食袋。

握狗粮的方法

如果把狗粮放在手掌中间完全握紧，狗狗就很难感受到狗粮的气味。

虽然视觉上无法确认，但是可以通过嗅觉感受到狗粮，这是进行训练时理想的握狗粮的方法。

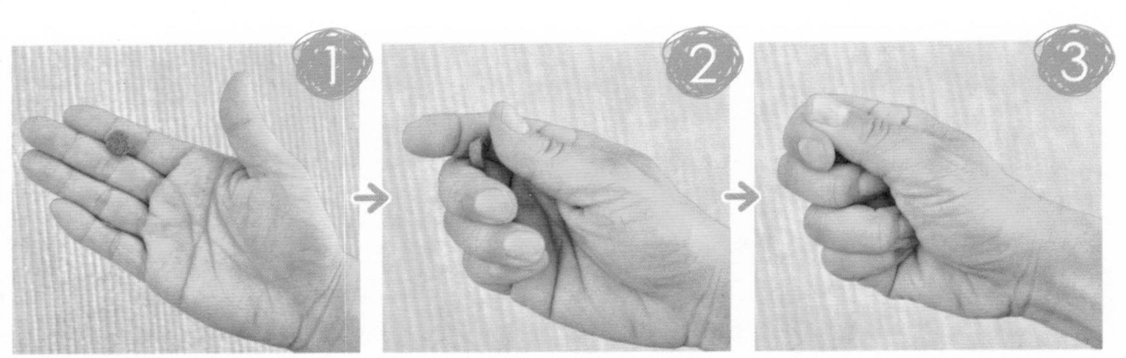

把狗粮放在食指和中指之间的第1和第2关节附近，以看上去与握紧拳头一样紧握狗粮，将其包围起来。在喂狗狗吃狗粮时，再将紧握的手展开。

我是按照养育指导将干狗粮泡软后再喂狗狗，所以无法将其装进狗狗零食袋里……

狗狗出生后8周龄时，离乳期结束。如果是野生的狗狗，在8周龄之前会吃妈妈吐出的半消化物（离乳食物），8周龄之后就会和妈妈吃一样的食物。也就是说，过了8周龄之后，就可以喂狗狗吃硬的干狗粮了。

但是，刚被主人带回家里的狗狗，会因为环境变化而变得很紧张。如果喂食的方式也突然改变，会进一步加剧其紧张情绪。在刚开始喂食的时候，可以继续按照之前宠物店或犬舍的喂食方式喂食狗粮，同时观察狗狗的情况（不过，前文中介绍的用于训练狗狗上厕所的狗粮及后文中介绍的用于狗狗社会化训练的狗粮，建议您使用干狗粮）。

如果按照养育指导将干狗粮泡软后喂食，可以在泡软的狗粮里混入少许硬狗粮，每天逐步提高硬狗粮的比例。这样持续一周后，就可以直接喂食干狗粮，并充分利用狗狗零食袋了。

我听说如果用手喂食，狗狗就不会用食盆吃饭了……

如果按照本书中介绍的方法喂食，就不会出现这种情况。

如果用手喂食，通过增加喂食次数，并每次少量喂食，能够让狗狗保持对狗粮的强烈需求欲。如果狗狗对于狗粮有强烈需求欲，那么无论是用手喂食，还是把狗粮直接放在便携式狗笼里或用食盆喂食，狗狗都会吃。

相反，如果把狗粮一下子全放到食盆里，狗狗就会产生“刚才吃了很多好吃的”“待会儿主人也会喂我这么多”的心理，导致狗狗对于狗粮的需求欲降低，最终狗狗不再吃放在食盆里的干狗粮。此时，很多狗狗的主人会认为“狗狗不吃了，那就把食盆放一边吧”“狗狗不吃了，那就找一些其他食物吧”，从而不了了之。

上述前一种情况下，狗狗会认为随时都能吃到狗粮，对于狗粮的需求欲就会降低。而后面的情况会让狗狗觉得，如果不吃眼前的狗粮就能吃到更好吃的食物。

那么，“如果用手喂食，狗狗就不会用食盆吃饭了”就是错的吗？其实并非如此，发生这种情况是因为“狗狗不用食盆吃饭，就用手喂食吧”，这样狗狗就认为，如果不吃食盆里的狗粮，主人就会想办法照料自己。

※如果一直是用水瓶来喂狗狗喝水，请先对狗狗进行适应食盆的社会化训练，之后经常在食盆中放几粒狗粮，让狗狗慢慢适应食盆。

问题预防

请把训练时间等同于喂食的时间

小狗在一天之内会连续数次睡着。而2月龄的小狗，过着极其有规律的生活，平均每睡2~3个小时，起来活动30分钟~1小时（请参考P39）。在小狗起来活动的时间内，可以进行上厕所训练和便携式狗笼训练（请参考P36之后的内容），还有接下来会介绍的社会化训练和教给狗狗讨人喜欢的行为的训练。在进行这些训练时，可以把喂食当作对小狗的奖励，这样它们会很开心。

比如，2月龄的小狗一个睡眠的循环为3个小时，以此计算，一天可以进行5~6次的训练与喂食。

问题预防

不用食盆喂狗粮的方法，还可预防未来可能出现的问题

有的狗狗可能会为了保护食盆而吼叫或咬人，甚至有的狗狗在听到主人准备食物的声音（狗粮碰击食盆发出的哗啦哗啦的声音）时，就会开始吠叫。当然，刚开始饲养的时候是没有这些问题的，但随着逐渐长大，有的狗狗就养成了这种错误的行为。通过在训练时进行喂食的方法，无需使用食盆，可以避免这些问题的发生。

另外，如果每天的两次喂食都是用食盆盛装狗粮，那么在训练时奖励狗狗的喂食就只能是其他零食了，这样会导致狗狗营养失衡，还可能会导致肥胖。

在训练的时候，把喂食狗粮当作对狗狗的奖励，无须额外准备零食，这对狗狗的健康来说也是很合理的。

一天之内喂食5~6次，这样可以吗？

去老人公寓时，有一件事情令我很惊讶。除了一日三餐以外，老人们还会坚持吃“十点餐”和“三点餐”。其实，这是一种少吃多餐的健康模式，老人的消化功能减弱，每天分五次吃东西，是完全没有问题的。

而狗狗的进食又是怎么样呢？传统的说法是，成年的大型犬一天一次，成年的小型犬一天两次。

把食物当作奖励对狗狗进行训练时，一般是用食盆喂食2~3次，训练的话再喂3~4次，最终一天之内需要喂食5~6次。

如果不使用食盆，通过每天5~6次的训练进行喂食，从喂食次数上讲是一样的。

也就是说，通过训练将喂食的次数增至5~6次，完全没有问题。

基础知识

提高干狗粮诱惑力的方法

如果每天喂狗狗吃同样的干狗粮，狗狗对该狗粮的需求欲可能就会降低。虽然改变干狗粮的种类，可以提高狗狗对狗粮的需求欲，但是市面上售卖的狗粮一般最小的包装也是每袋1kg，而且狗粮开袋后需要在一个月之内喂完。因此，如果是小型犬，一下子准备好几种狗粮势必会造成很多浪费。

接下来将为您介绍几种方法，只要您学会这些方法，即使是同样的干狗粮，也能提高对狗狗的诱惑力。在多个小型密封容器中分别装入少量狗粮，同时放入带有某种对狗狗具有诱惑力的气味的食物，比如干货、蓝纹奶酪、鱿鱼丝等……

一般来说，相对于味道，狗狗更容易被食物的气味吸引。如果在狗粮上添加某种对狗狗具有诱惑力的气味，即使是同样的干狗粮，也可以提高狗狗对狗粮的需求欲。如果准备好几种带不同气味的食物，其效果就相当于是准备了几种狗粮（一起放入的食物只是为了增添气味，请不要让狗狗吃）。

在小型密封容器里，放入干狗粮和对狗狗具有诱惑力气味的食物，盖上盖子，放半天到一天的时间，增添气味的新狗粮就做好了。

问题预防

尽量不要喂食零食

干狗粮被称为“综合营养食品”，并且按照成长阶段（小狗、成年犬、老年犬等）分为不同包装。即使只喂食干狗粮，狗狗也能实现营养均衡。为了不削弱这一综合营养食品的功效，应当将零食等的摄取量控制在狗狗每天所需摄取热量的10%以内。

但是，查询并计算零食的热量很麻烦，最终可能会导致喂食过量，出现“热量超标而变得肥胖、营养失衡、狗狗不再吃作为主食的狗粮、对零食挑食”等诸多问题。

因为狗狗喜欢，可能不知不觉就会喂食过量的零食；但是为了狗狗的健康和幸福着想，还是尽量不要喂食零食。

基础知识

准备应对不时之需的狗粮

因为用于打发无聊和防止狗狗轻咬的橡胶玩具、葫芦玩具中涂抹的奶酪也含有热量，甚至在进行训练时所必需的食物也含有热量。所以，除此之外，请只向狗狗喂食作为主食的干狗粮。

但是，在进行社会化训练以及教会狗狗讨人喜欢的行为的训练时，如果狗狗变得紧张，就可能会不愿意吃平时吃的干狗粮。

狗狗感到紧张的时候，首先采取让狗狗远离引起紧张的事物，摆脱引起紧张的情况，然后降低训练难度。而在无法采取这些措施时，可以采取“提高食物的诱惑力”来应对。

让我们从日常生活中寻找可以应对不时之需的具有诱惑力的食物吧。经过多次尝试，了解狗狗喜欢的食物。但是，请您记住，如果平时就喂食这些狗狗喜欢的食物，在关键的时候就无法发挥作用了……

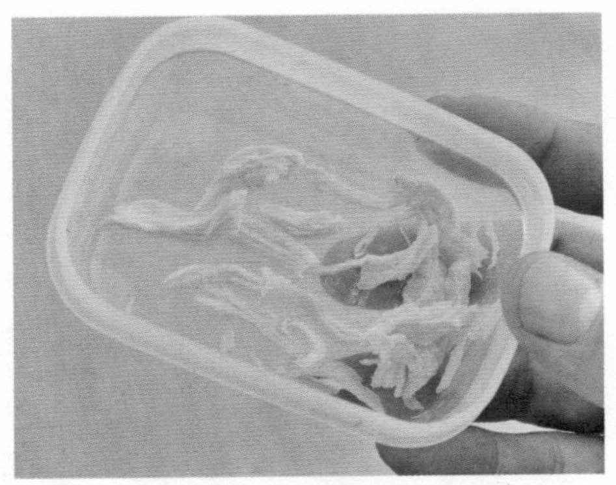

用开水烫过的鸡胸肉、牛肉、猪肉等制成的食物，也可以将其切成条，在烤箱中烤制后制成食物。当然市面上售卖的零食也可以。

基础知识

抱狗狗的方法

狗狗很讨厌缺乏稳定性的抱法。而且，还要注意安全，抱狗狗时不会摔着狗狗。此外，抱狗时可以抚摸狗狗全身，让狗狗驯服，这一点也很重要。

接下来介绍一下满足以上条件的抱狗狗的方法。

膝上 基本姿势

把狗狗抱上大腿上时，一定要把拇指放进狗狗的项圈，这样即使狗狗掉下去也不会摔伤。从狗狗下巴下方朝着胸部的方向放入手指。

另一只手从躯干到腋下轻轻包裹着抱狗狗。

仰卧 姿势

双手放到狗狗腋下，包裹着两腋抱起狗狗，让狗狗仰卧，拇指放进狗狗的项圈。

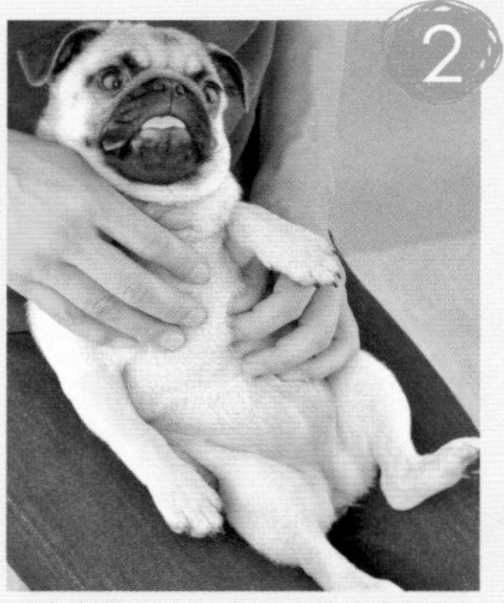

两膝并拢着坐下，把狗狗的屁股和尾巴放入两条大腿中间的缝隙。

将狗狗从便携式狗笼移动到厕所时的 抱法

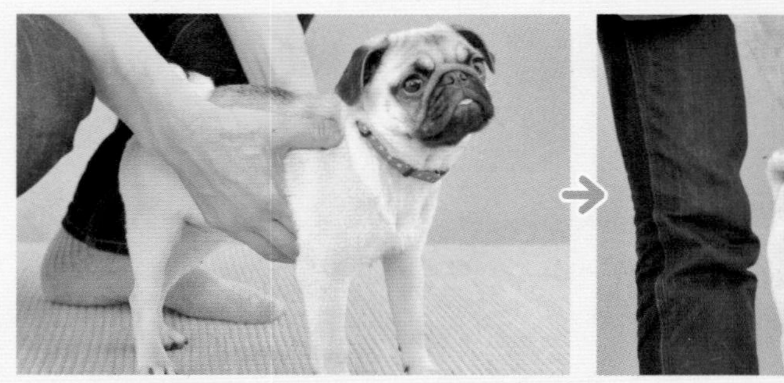

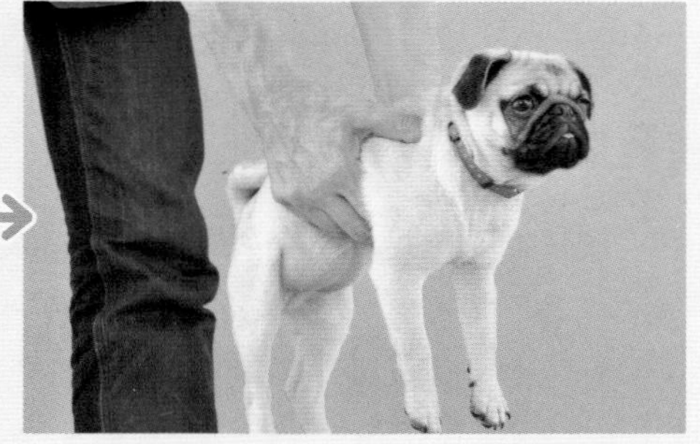

双手放到狗狗腋下（左），包裹着两腋抱起狗狗，使狗狗的身体与地板平行（右），保持这个姿势把狗狗放入狗狗厕所。

抱起时请不要抓住狗狗的前腿，因为狗狗很不喜欢这样！

注意！

在抱起狗狗时，不能抓住狗狗的前腿拉起。这样会对狗狗的前腿根造成负担，很可能导致受伤。

基础知识 让狗狗习惯项圈和牵引绳

狗狗主人有让狗狗佩戴许可证的义务，因此将来会需要经常佩戴项圈。我们需要从开始饲养的时候，就让狗狗习惯佩戴项圈。

第一次给狗狗佩戴项圈时，可以请家人帮忙。

一个人负责让狗狗吃狗粮，在狗狗把注意力集中在狗粮上面时，另一个人趁机给狗狗戴上项圈。

之后还会详细介绍为狗狗佩戴牵引绳，而且也是在喂食狗粮时完成的。

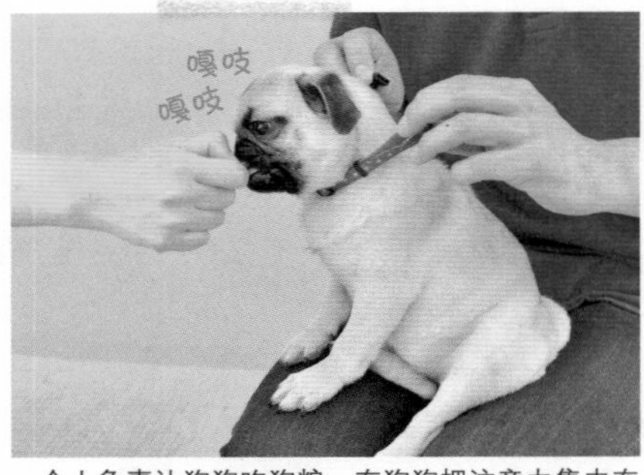

一个人负责让狗狗吃狗粮，在狗狗把注意力集中在狗粮上面时，另一个人趁机给狗狗戴上项圈。

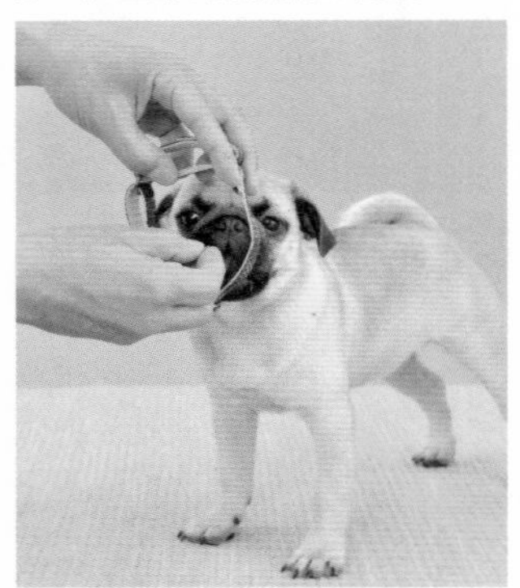
如果是一个人为狗狗佩戴项圈，可以用单手喂食狗粮。照片中是只要穿过狗狗的头就可以佩戴的项圈，一个人也能轻松完成。

CHECK

为狗狗佩戴项圈时要适当调整一下，以确保其宽松度可以让拇指轻松穿过。在刚开始佩戴时，有的狗狗可能会感觉不适，想要挣脱项圈。但是，基本上30分钟之后狗狗就不会再介意项圈，在这段时间内，请您时刻注意狗狗的情况。

对于某些小型犬来说，犬用项圈可能会太大了……您可以把丝带等系在狗狗脖子上，代替项圈对狗狗进行习惯训练。

一般30分钟后狗狗就不会再介意项圈了。

狗狗的颈围可能太细，找不到大小合适的项圈，您可以把丝带系在狗狗脖子上，代替项圈对狗狗进行习惯训练。

基础知识

让狗狗喜欢被抚摸（放松按摩）

有的狗狗可能会不愿意被主人抱或触摸。为避免这种情况发生，需要对狗狗进行习惯训练。

如果在抱狗狗的同时给狗狗奖励，狗狗就会喜欢被主人抱。在抱起狗狗之后，必须给狗狗一粒狗粮。

除了喂狗粮之外，如果能够掌握让狗狗感觉舒服的触摸方法，也会变成对狗狗的奖励。

因此，接下来介绍一下放松按摩的触摸方法。

放松按摩

ⓐ触摸的部位

首先请参考前面介绍的“膝上基本姿势”（请参考P56）进行练习。

将右手的拇指放入项圈内，用另外几根手指按摩狗狗胸部。胸部是狗狗容易感觉到舒服的部位之一。用另一只手按摩狗狗的腋下、肩头、躯干、腹部等部位。这些也是狗狗容易感觉到舒服的部位。

用右手拇指之外的4根手指按摩狗狗胸部。与此同时用另一只手按摩狗狗的腋下、肩头、躯干、腹部等部位。

ⓑ触摸方法

指尖内侧稍微弯曲（贝壳手型），用指腹转圈按摩。按摩时不是手指在皮肤上滑动，而是让狗狗的皮肤紧贴着手指一起移动。

※请参加练习，使左右手都可以这样给狗狗按摩。

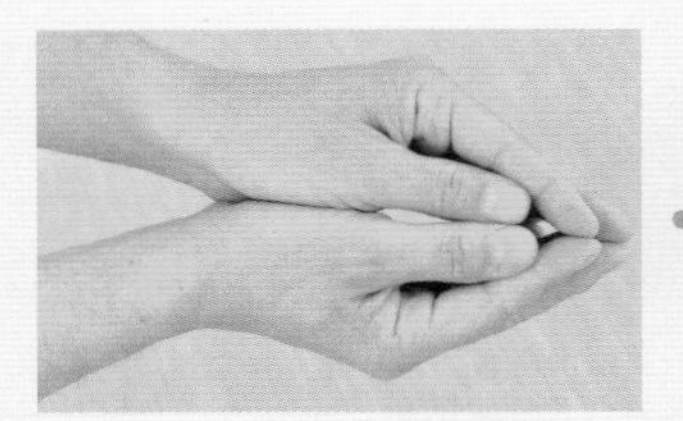

合拢双手，形成两只贝壳的形状

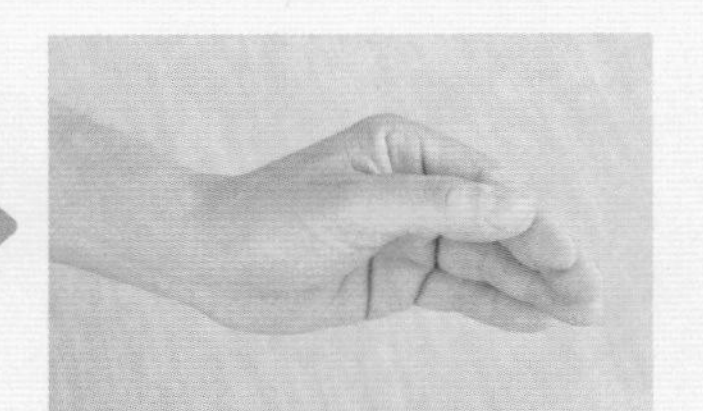

保持贝壳的手形，用指腹按摩。

ⓒ狗狗的变化

如果按摩能让狗狗感觉舒服，在陶醉一段时间之后，应该会变得迷迷糊糊，开始全身无力，眼皮沉重，最后睡着。

基础知识

放松抱持

容易进行放松按摩的抱法，也被称为放松抱持。

放松抱持共有5种模式，除了P56~57介绍的膝上基本姿势和仰卧姿势，还有横抱姿势、汽车入库姿势和侧抱姿势。

无论是哪一种姿势的抱法，都可以将右手食指放入项圈内（从下巴向胸部的方向），另外4根手指按摩狗狗的胸部，而另一只手抚摸狗狗的腋下、肩头、躯干、腹部等部位，对狗狗进行放松按摩。

充分利用葫芦玩具

触摸狗狗时，有的狗狗可能会舔主人的手，也可能在被抚摸身体时感觉不舒服而咬主人的手。因此，在抚摸狗狗的身体时，需要让狗狗的嘴巴在一段时间内专注于别的事物。

我们推荐您使用照片中的葫芦玩具。在里面填入泡软的狗粮或涂抹上奶酪。在狗狗把舌尖伸进葫芦玩具里专心地舔舐时，就可以放心地触摸狗狗的身体了。

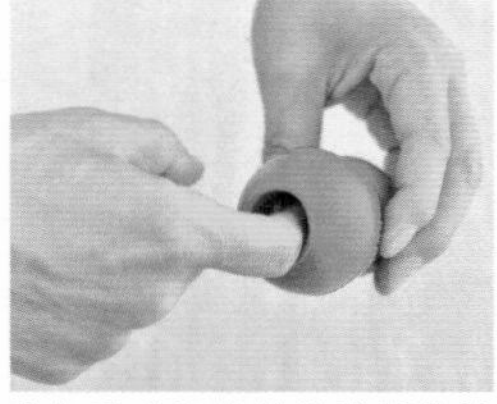

将奶酪或泡软的狗粮等涂抹在葫芦玩具里面。

照片为葫芦玩具的横截面。为了方便狗狗舔舐，请把奶酪等涂在靠近开口的部位。

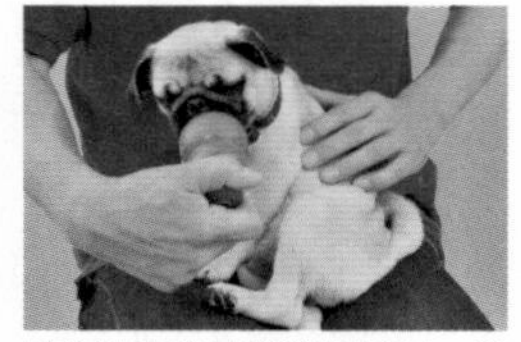

趁狗狗专注于葫芦玩具时，用空出来的手为其放松按摩。

横抱 姿势

抱着狗狗时，单手环绕狗狗腋下，让狗狗的身体紧贴主人的侧腹。狗狗会尽力保持与站立相近的姿势。

汽车入库 姿势

主人跪立，两腿之间的缝隙看起来就像是车库，正好可以将狗狗放入两膝之间的空间。

侧抱 姿势

如果是大型犬，不容易抱起来，可以让狗狗站在狗狗主人的身体一侧。

让狗狗习惯护理

寻找让狗狗感觉舒服的部位

如果狗狗已经习惯了前胸和肩头等部位的按摩，拇指放入项圈的手保持原来的状态，另一只手试着离开狗狗的身体。如果狗狗在这种情况下还是很老实，就可以开始寻找让狗狗感觉舒服的部位了。

如果触摸狗狗自己很难碰触到（嘴巴够不到）的部位，狗狗一般会感觉很舒服，比如头顶、耳根、整个耳朵、脸颊、下巴下方、脖颈底部、背部末端以及从头部后面开始满是穴位的部位。

给狗狗按摩可以用手掌上丰满的掌腹部位轻轻按压，像画圆一样移动；用手指抓揉狗狗头顶；用拇指和其他手指夹着狗狗耳朵，像研磨一样揉搓。请多多研究一下触摸方法。

如果知道了可以让狗狗感觉舒服的部位，就可以缓解狗狗因为第一次来到新的地方而出现的紧张情绪，也有助于狗狗的社会化训练。

用手指夹着耳根，像研磨一样揉搓。

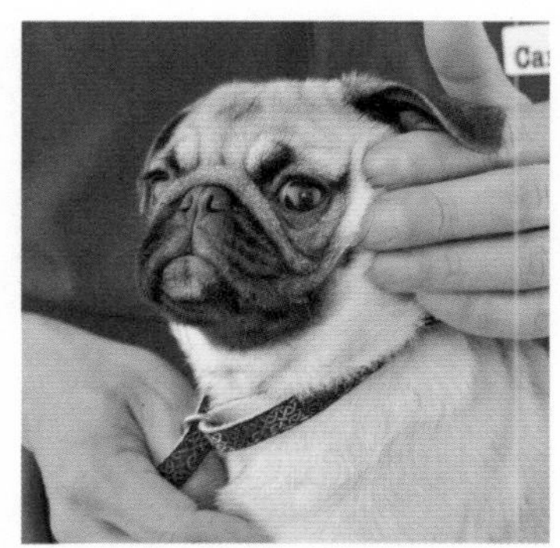

像画圆一样按摩脸颊。

让狗狗习惯护理

抚摸狗狗全身

如果狗狗和主人之间已经形成了良好的关系，主人就可以抚摸狗狗全身各个部位了。作为寻找舒服部位的延伸，请试着轻轻抚摸狗狗的屁股和脚尖、鼻子上方等部位。每天坚持抚摸狗狗的全身，将有助于在狗狗生病时尽早发现。但是，请不要强行抚摸狗狗感觉不舒服的部位。充分利用上述的葫芦玩具，让狗狗自然而然地逐渐习惯被主人抚摸。

试着轻轻地抚摸尾巴尖。

试着轻轻地揉搓脚尖。

社会化

让狗狗习惯来访客人

开始饲养的一周之内，很小的事情都可能会让狗狗变得紧张。如果家里养了一只可爱的小狗，肯定会叫很多人到家里来看。但是在最开始的一周内，请您只让亲戚和好友等像往常一样正常来往的人来看狗狗。

让狗狗习惯陌生人的方法

喜欢见人的狗狗

❶ 把狗粮交给对方，让其单手紧握狗粮，首先让狗狗嗅闻手背的气味。

❷ 如果狗狗主动将鼻子凑近手，应让对方伸开手，喂狗狗吃狗粮。

怕人的狗狗

❶ 让对方稍微远离狗狗，然后主人喂食狗粮，确认狗狗是否会吃。

❷ 在确认狗狗会吃狗粮的同时，让对方慢慢靠近狗狗。

❸ 如果等到对方靠近到极近的距离后，狗狗还是会吃狗粮，就把狗粮交给对方，让其单手紧握狗粮，让狗狗嗅闻其手背的气味。

❹ 如果狗狗主动将鼻子凑近手，应让对方伸开手，喂狗狗吃狗粮。

让狗狗习惯陌生人的方法

无法确定是喜欢人还是怕人的狗狗

① 让对方站在远离狗狗的地方，手里紧握狗粮。

② 不看狗狗的眼睛，不站在狗狗的正对面，转过身子，让对方逐渐靠近，直到狗狗可以嗅闻的位置。

※如果狗狗不去嗅闻对方的气味，或者在嗅闻到对方的气味之后做出躲避的行为，需要按照怕人的狗狗的流程，让狗狗习惯陌生人。

③ 如果狗狗主动将鼻子凑近对方的手，就让对方伸开手，喂狗狗吃狗粮。

④ 如果狗狗主动嗅闻对方的气味，并开始摇尾巴，就让狗狗嗅闻对方手背的气味。

社会化

在出门遛狗之前，先让狗狗从100个人手中得到狗粮

让狗狗习惯陌生人，是社会化训练中最为重要的项目。人类社会到处都是人，如果狗狗不能习惯陌生人，那么无论是在客人来访还是外出的时候，狗狗都会变得非常紧张。

很多动物学家都认为，狗狗对于同类或非同类的动物的社会化期（开始具备社会性的时期）为3月龄之前。

在开始正式地遛狗之前（自第三次疫苗接种起两周之前），努力让狗狗主动地从100个人（不同年龄、不同职业的人等……）手中得到狗粮。

让狗狗习惯护理

让狗狗习惯刷毛

刷毛可以说是对狗狗的护理项目之中最具代表性的一项。很多狗狗都是因为在最开始的时候被强制性刷毛，而讨厌刷毛这件事。

绝对不能强制性地刷毛

如果狗狗的毛被刷子勾住，狗狗就会感到疼痛（＝讨厌的事情）。如果狗狗主人在为狗狗刷毛时用力过度，就会给狗狗留下“刷毛是一件讨厌的事情”的印象。

狗狗会拒绝这种讨厌的事情，因此请记住，一定要自然而然地让狗狗逐渐习惯刷毛这件事。

让狗狗习惯刷子

在让狗狗习惯刷毛之前，先让狗狗习惯刷子

这件物品。

手持刷子，让狗狗看到刷子，同时喂食狗粮。

如果狗狗已经习惯了刷子这件物品，可以先开始让狗狗习惯刷子背等接触背部的感觉。

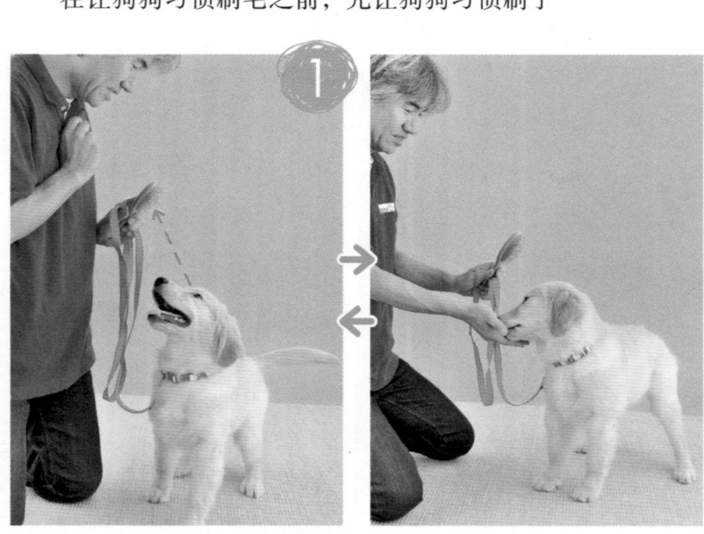

手持刷子，让狗狗看到刷子，同时喂食狗粮。重复以上动作。

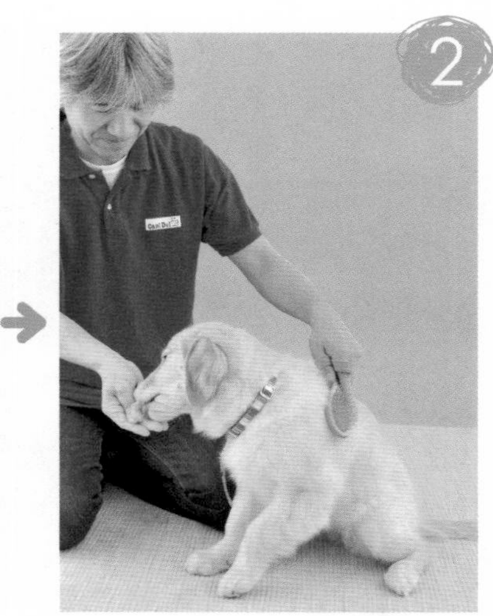

一边喂食狗粮，一边试着用刺激较弱的刷子背等触碰狗狗的背部。

充分利用葫芦玩具，让狗狗习惯刷毛

将泡软的狗粮或奶酪薄薄地涂抹在葫芦玩具里面（参照P60），在狗狗专注于葫芦玩具时，开始给狗狗刷毛。这样可以让狗狗习惯针刷上直立的钢针。

可以让别人拿着葫芦玩具，也可以夹在膝盖之间或卡在狗狗厕所的方格里，这样两手就都空出来了，刷毛也变得简单易行。

如果狗狗开始表现出对刷子很介意，主人可以装做什么也不知道的样子，对狗狗说“我没做什么啊”，同时把刷子藏起来，不让狗狗看到。让狗狗习惯刷毛的秘诀就是“骗狗狗”，但是不要让狗狗感觉自己被骗了。

这一时期的目的不在于刷毛本身，而是让狗狗习惯刷毛这件事。因此，即使一次只刷到了狗狗身体的一小部分也是成功。

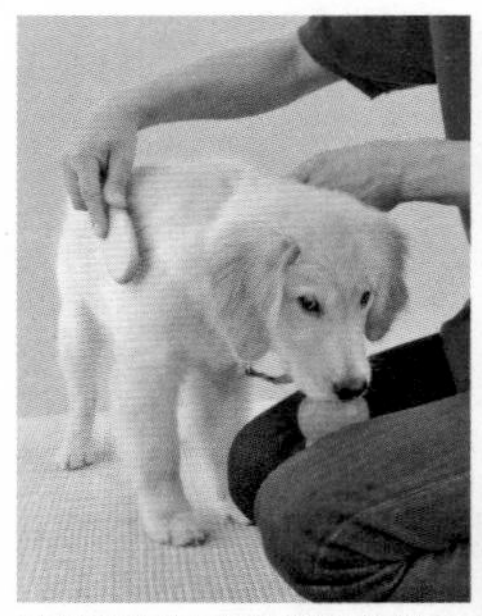

将葫芦玩具夹在膝盖之间。

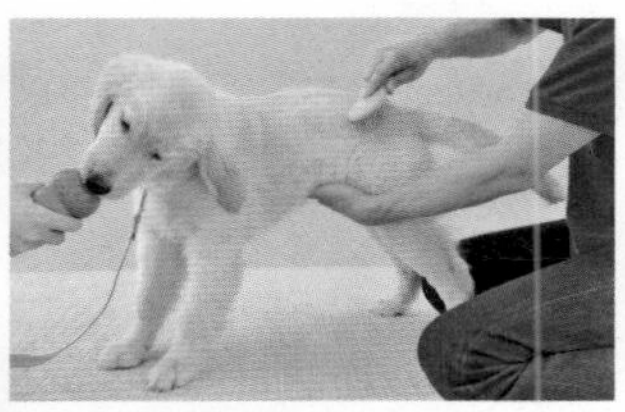

让别人拿着葫芦玩具。

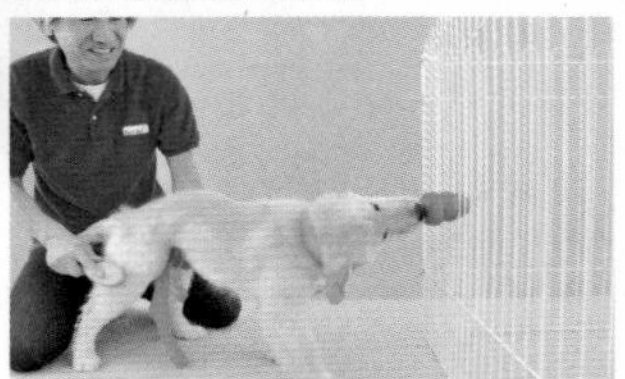

将葫芦玩具卡在狗狗厕所的方格里。

分别使用不同的刷子

长毛狗狗	钉耙刷、针刷、梳子
短毛狗狗	兽毛刷、橡胶刷

刷子的种类

根据不同用途，可以将刷子分为很多种。请您准备所需种类的刷子。

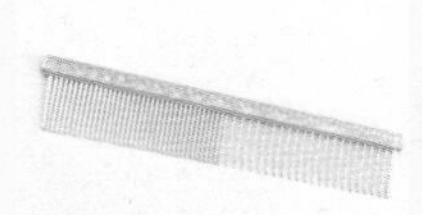

梳子
梳子可用于长毛狗狗刷毛的最后一道工序，或者是整理狗狗的饰毛。此外，还可用于整理轻度的狗毛缠绕。

兽毛刷
适用于短毛狗狗。如果是用来去除掉毛、清除污渍，可以使用坚硬的猪毛。如果是用来增加狗毛光泽，可以使用柔软的小猪毛。一般与橡胶刷组合使用。

针刷
可以消除轻度的被毛缠绕，去除掉毛、灰尘、皮屑等，适用于长毛狗狗的日常护理。一般与梳子、钉耙刷分开使用。

钉耙刷
可用于消除毛团、去除掉毛、吹干狗毛时避免毛发短缩。可能会导致狗狗皮肤受损伤，需向狗狗美容师请教使用方法。

橡胶刷
可用于去除短毛狗狗的掉毛，或者是在清洗狗毛时刷毛。由橡胶或树脂制作而成，因此无须担心会损伤狗狗皮肤，还具有按摩的效果。

基础知识

和狗狗一起做磁铁游戏

为了实现与狗狗的共同生活，必须让狗狗学会很多讨人喜欢的行为。而通过与狗狗一起做磁铁游戏，可以帮助狗狗更好地学习。

很多狗狗的鼻子是黑色的，而磁石、磁铁的颜色也大多是黑色。所以，磁铁游戏就是把狗狗的鼻子比作磁铁，让狗狗的鼻子紧跟着紧握狗粮的手移动的游戏。

如果能够控制狗狗鼻尖的方向，就能从整体上控制狗狗身体的移动。因此，磁铁游戏可以训练对狗狗动作的控制。

磁铁游戏

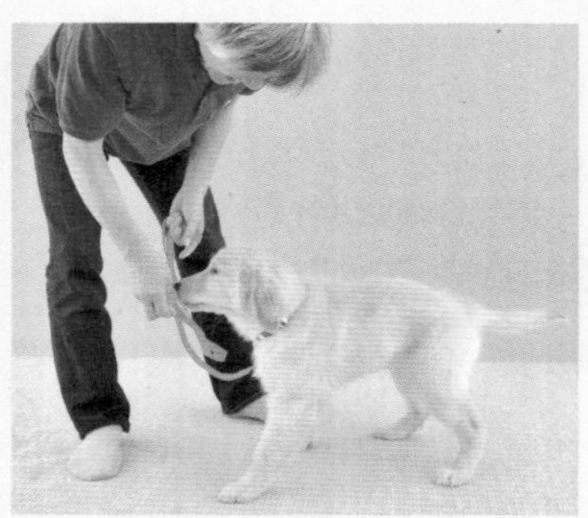

❶ 将紧握狗粮的手靠近狗狗的鼻尖。

❷ 如果狗狗的鼻子接触到紧握的手，就将这只手稍微向右移动。

❸ 如果狗狗跟着手移动，可以用“善于称赞狗狗 3段式”（请参考P48）称赞狗狗。

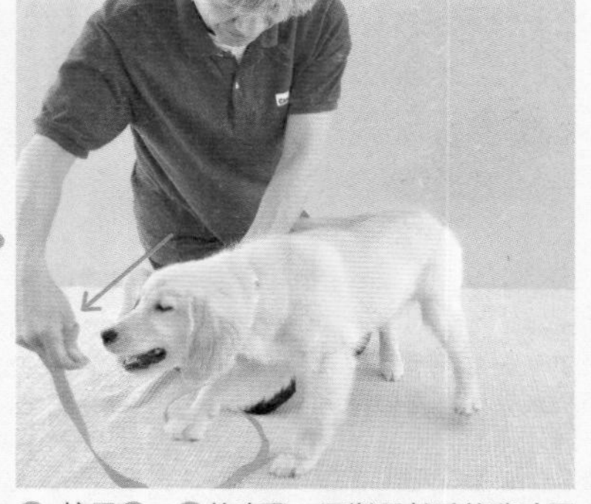

❹ 按照❶~❸的步骤，逐渐延长手的移动距离，让狗狗不仅向右移动，也向左移动。

※如果紧握的手位置很高，狗狗可能会猛扑着追赶，因此一定要把手放低到狗狗鼻子的高度。

教狗狗正确行为

教狗狗学会眼神交流

如果狗狗已经熟练地掌握了磁铁游戏，接下来开始眼神交流的练习。

当狗狗能主动与主人进行眼神交流时，狗狗主人的“幸福荷尔蒙”就会瞬间提升。

关于“幸福荷尔蒙”前文中已经提到过（请参考P10）。为了使狗狗能够经常主动地与主人眼神交流，可以进一步拓展磁铁游戏，开始引导狗狗进行眼神交流的训练。

眼神交流的训练

❶ 将紧握着狗粮的手靠近狗狗的鼻尖。

❷ 如果狗狗开始专注于紧握的手时，将这只手移动到自己的下巴下方。

❸ 随着手的移动，狗狗的眼睛会仰视主人，此时可以用“善于称赞狗狗3段式”（请参考P48）称赞狗狗。

问题预防

防止狗狗啃咬

经常会有人提出这样的问题，“狗狗的啃咬问题很严重，怎么才能治好呢？”然而，啃咬原本不是疾病，并不存在治好治不好的问题。

狗狗从3周龄左右开始进入离乳期，到7~8月龄时幼齿脱落、恒齿长全。在这段时间内，狗狗会咬很多东西，这也是由狗的遗传基因决定的。而且，咬东西这一行为也是狗狗分辨东西是否可以吃的一个途径。此外，还有锻炼下巴的肌肉、刺激脑部成长、促进狗狗换牙等很多重要的作用。

咬东西这一遗传基因也被称为“啃咬欲”。在欲望强烈的时候，狗狗会处于一直寻找啃咬物品的状态。而如果没有可以咬的东西，狗狗肯定会咬人的手和脚。

如果您想让狗狗停止做出啃咬的行为，就一定要充分满足狗狗的“啃咬欲”。

不要把拖鞋等脱下后随意放置，要收拾到鞋架上。

在桌角等处贴上丙烯酸树脂板。

在不想让狗狗进入的房间入口处设置栅栏，不让狗狗进入。

“啃咬欲”强烈时期咬过的东西，将来还是会咬

3周龄到7~8月龄是狗狗“啃咬欲”最强烈的时期。如果在这一时期允许狗狗咬某个东西，即使8月龄后狗狗“啃咬欲”减弱了，还是会咬这个东西。相反，如果狗狗在“啃咬欲”强烈期没有体验到咬某件东西，那么8月龄后也不会去咬。

也就是说，将来狗狗是否啃咬东西完全取决于主人的意愿，关键是在狗狗“啃咬欲”强烈期做到“坚决不让狗狗去咬”和“让狗狗积极地会咬”。

不想让狗狗在将来养成咬的习惯的东西，坚决不让狗狗去咬

狗狗是通过体验来学习事物的。因此，不想让狗狗咬的东西，就一定把东西收拾好或遮盖起来。如果某个地方放有不想让狗狗咬的东西，则不让狗狗靠近这个地方。通过以上措施，可以避免狗狗体验到咬某件东西。

此外，如果某一行为会受到惩罚，狗狗做出这一行为的频率就会降低。可以提前在不想让狗狗啃咬的东西上喷上防止啃咬的喷剂等，使其带有苦、辣、酸等味道。这样狗狗在咬这件东西的时候就相当于是受到了惩罚，就不会再去咬了。

在沙发腿等处喷上防止啃咬的喷剂，它会散发出令狗狗讨厌的味道。

可以让狗狗一直咬下去的东西，积极地让狗狗去咬

在狗狗“啃咬欲”强烈的时期，可以让狗狗咬的东西大致可以分为两种：

第一种是可以让狗狗咬得很起劲的东西，如葫芦形的橡胶玩具、磨牙棒等。这些东西狗狗会咬得很起劲，因此可以在主人不能陪狗狗玩耍时，让狗狗自己玩。

另外一种是可以狗狗变得兴奋的东西，如毛绒玩具、绳结玩具等。

即使啃咬也不会轻易破损的橡胶玩具。

磨牙棒可以让狗狗长时间啃咬。

如果狗狗咬住毛绒玩具，主人可以和狗狗一起玩拉扯游戏。

把想让狗狗啃咬的东西变得更美味，让它咬起来更开心

虽然把橡胶玩具、毛绒玩具等都给了狗狗，但是狗狗根本不咬，还是一个劲儿地咬主人的手和脚……

如果某一行为会获得奖励，狗狗做出这一行为的频率就会提高，并形成习惯。但是，如果同时存在多个奖励的选项时，狗狗会选择“奖励度”更高的东西。

在这个案例中，我们需要让橡胶玩具、毛绒玩具变得比主人的手和脚更具诱惑力。可以试着在葫芦形橡胶玩具的里面或表面涂抹上泡软的狗粮或奶酪（请参考P60）。

而那些可以让狗狗变得兴奋的玩具，您也可以研究一下移动的方法，让狗狗追着玩具啃咬。

基础知识

正确的拉扯游戏

正确的拉扯游戏可以满足狗狗啃咬的欲望，是防止啃咬问题不可或缺的一项。除此之外，正确的拉扯游戏还可以教狗狗学会放下叼着的东西，冷静下来，这对于控制狗狗兴奋而言很重要。

拉扯游戏的准备工作

准备尺寸较大的毛绒玩具，如果狗狗快要咬到主人手时，可以换手拿玩具。提前给狗狗佩戴牵引绳，避免变成追赶游戏，。

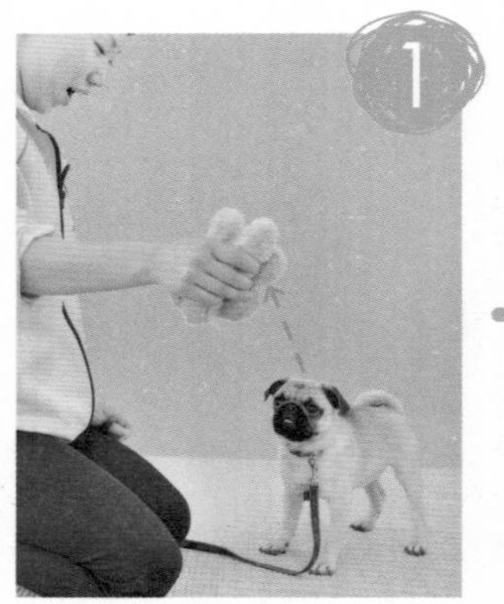

首先让狗狗看着玩具，使其专注于玩具。

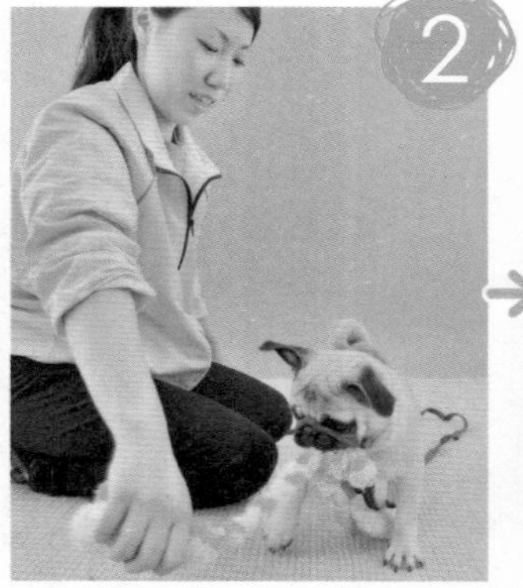

对狗狗说“开始”“咬它”等，将玩具沿着地面拖动。通过突然停下、突然移动、藏在身后等动作激发狗狗啃咬的欲望，让狗狗咬住玩具（左）。狗狗会变得非常兴奋，一边低声吼叫，一边用力地把玩具向自己的方向拉扯，同时做出左右摇晃的动作（右）。

抓住这个时机，将玩具拉回，并把紧握狗粮的手靠近狗狗鼻尖，让狗狗嗅闻狗粮的气味。如果狗狗想要吃狗粮，狗狗就会松开嘴巴，这时候把狗粮与玩具交换。

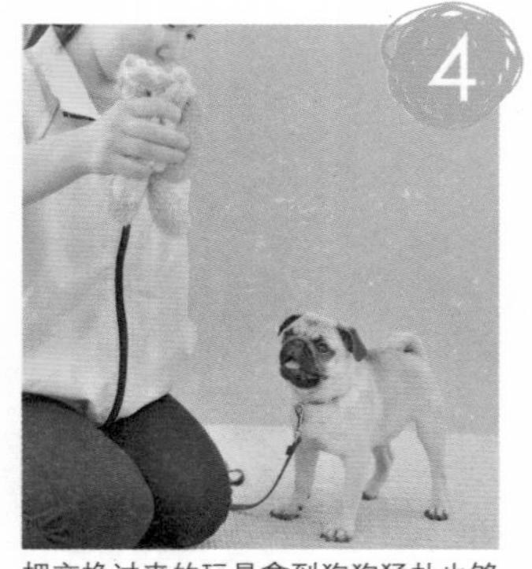

把交换过来的玩具拿到狗狗猛扑也够不到的高度。等狗狗不再做出猛扑的动作且平静下来时，再一次回到步骤❷，重新开始拉扯游戏。重复步骤❷~❹，在狗狗厌倦游戏之前且处于平静状态时结束游戏，把玩具收拾起来。

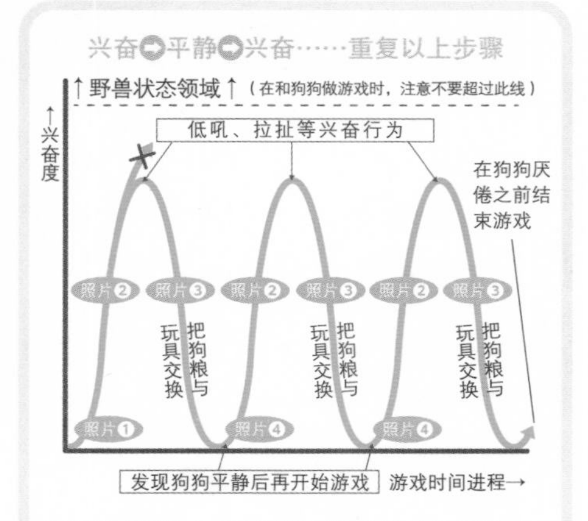

通过陪狗狗玩游戏，可以让狗狗体验和学习以下事项：如果放下嘴里叼着的东西，就会获得奖励；如果平静下来，也会获得奖励。

不能让狗狗一直玩到厌倦

在狗狗感到厌倦之前结束游戏，是为了给狗狗留下“我还想继续玩”的感觉。如果留下了这样的记忆，下次再玩游戏时，即使是相同的玩具，狗狗也会感觉“我等好久了，终于可以玩了”。

相反，如果一直让狗狗玩到厌倦这个游戏，就只会给狗狗留下“真无聊”的感觉。下次再玩游戏时，就会勾起狗狗的回忆“又是那个无聊的玩具啊”，狗狗可能就不会再玩了。

把玩具收拾好，只在需要的时候才拿给狗狗

平时要把玩具收拾到狗狗看不到的地方。如果把玩具随处乱放或随意地拿给狗狗，就等于是让狗狗体验到“即使没有主人，我自己也能够玩得很开心”。

通过向狗狗传达“如果主人不在，我就没法玩最喜欢的那个玩具”“主人是做游戏时不可或缺的存在”的信息，可以提高主人在狗狗心目中的魅力。

这些措施有助于在未来提高狗狗主动与主人进行眼神交流的频率。

请把玩具收拾到狗狗看不到的地方，例如放在高台上的箱子里。

在进入第三部分之前，先让我们检查一下第二部分中介绍的训练是否已经完成。

检查方法

如果某一项目已经完成，请在“完成”列的□里打上✔（勾选），并填入完成日期。

如果是偶尔失败，请在“需加油”列的□里打上✔，并填入日期；如果是“未完成”，也请采取同样的步骤。

请将您注意到的东西或介意的事情记录下来，努力完成这些训练吧。

☑ 第二部分的完成情况检查表

训练内容			完成	需加油	未完成	记录
基础知识	环境设置	已经完成了环境设置，狗狗已经把便携式狗笼当作床，把整个狗狗厕所当作厕所。	□ ／	□ ／	□ ／	
	称赞	已经按照顺序顺利完成了“善于称赞狗狗 3 段式”。	□ ／	□ ／	□ ／	
	狗粮	狗狗已经习惯了直接吃硬的干狗粮。	□ ／	□ ／	□ ／	
	零食袋	在把狗狗从便携式狗笼里放出来时，总是随身携带零食袋。	□ ／	□ ／	□ ／	
	抱狗狗	已经掌握放松抱持的基本姿势和仰卧姿势。	□ ／	□ ／	□ ／	
	项圈、牵引绳	狗狗已经习惯了佩戴项圈和牵引绳。	□ ／	□ ／	□ ／	
	磁铁游戏	已经可以用紧握着狗粮的手左右引导狗狗。	□ ／	□ ／	□ ／	
	狗狗上厕所训练	已经彻底实现了规律的生活周期。	□ ／	□ ／	□ ／	
		狗狗已经做到了不在厕所以外的地方排泄。	□ ／	□ ／	□ ／	
让狗狗习惯护理	抚摸	已经掌握了基本的按摩方法，找到了让狗狗感觉舒服的部位。	□ ／	□ ／	□ ／	
	刷毛	已经可以充分利用橡胶刷为狗狗刷毛。	□ ／	□ ／	□ ／	
社会化	让狗狗习惯陌生人	到家里来看狗狗的人已经可以给狗狗喂食狗粮了。	□ ／	□ ／	□ ／	
教会狗狗正确的行为	眼神交流	进一步拓展了磁铁游戏，狗狗已经学会看着主人。	□ ／	□ ／	□ ／	
问题预防	防止狗狗做出调皮行为	主人不在时，狗狗会进入便携式狗笼，从而避免了狗狗体验到调皮行为和排泄失败。	□ ／	□ ／	□ ／	
	防止狗狗轻咬	已经通过收藏、、遮盖、增添苦味、不让狗狗靠近等措施，成功地防止了狗狗啃咬东西？	□ ／	□ ／	□ ／	
		已经把橡胶玩具、磨牙棒等可以咬的东西拿给了狗狗。	□ ／	□ ／	□ ／	
		已经通过拉扯游戏，充分满足了狗狗的啃咬欲。	□ ／	□ ／	□ ／	

开始饲养后的1~2周

此阶段的狗狗相当于人类3~4岁的幼儿。这时可以开始在家里对狗狗进行正式的社会化训练了。

第三部分在这里!

本书各个部分		Part2	Part3	Part4	Part5	Part6	Part7	Part8
疫苗	第一次 自第一次疫苗接种起两周后		第二次	自第二次疫苗接种起两周后	第三次 自第三次疫苗接种起两周后			
狗狗的周龄和月龄	7周龄 8周龄 2月龄	9周龄左右	10周龄左右	11~12周龄	3月龄左右	4~5月龄 出生后150天左右	5~7月龄	第二性征期以后

现在，狗狗已经来到家里一周的时间了，已经基本适应了新的环境。但是，现在还不能放心地外出遛狗，而应该在家里对狗狗进行社会化训练。

基础知识

上厕所训练

上厕所训练（请参考P36）是否进展得顺利？狗狗是否在一周内都成功地上厕所了？如果这一目标已经完成，主人把狗狗从便携式狗笼里放出来后，狗狗应该就会主动地走向附近的狗狗厕所。

此时，主人应当逐渐增加便携式狗笼与狗狗厕所之间的距离。如果狗狗离开了主人的视线，一定要把狗狗放入便携式狗笼，这一点绝对不能疏忽。

狗狗可以忍耐不排泄的时间是3小时30分钟，如果带狗狗出门，应当提前30分钟回家，以后可以一点点地延长时间。

狗狗上厕所训练

邀请朋友到自己家里，让狗狗习惯陌生人

狗狗来到家里一周之后，主人就要开始积极地训练狗狗习惯陌生人了。

主人可以邀请朋友到自己家，让朋友喂狗狗吃狗粮。

而快递配送员等一般会走到玄关处的人，也可以拜托他们喂狗狗吃狗粮。

奖励狗狗的主动行为

就算是训练以外的时间，如果狗狗做出了讨人喜欢的行为，主人一定要称赞狗狗，并喂狗狗吃狗粮。在对狗狗进行社会化等训练时，如果狗狗主动做出了讨人喜欢的行为，主人要充分利用狗粮奖励狗狗。

在喂狗狗吃狗粮时要注意适量分配，以保证放入狗狗零食袋中的一天分量的狗粮，到晚上睡觉时全部喂完。

在玄关的架子上常备一些狗粮，这样可以方便把狗粮递给来访的客人，让他们喂狗狗吃狗粮。

基础知识

让狗狗习惯放松抱持的横抱姿势

对于狗狗而言，最主要的“奖励”就是“狗粮”，因此要在各种情况下喂食狗粮，这也是狗狗的社会化训练不可或缺的。

但是，这时候还不能让狗狗在外面自由活动，主人可以暂时抱着狗狗散步。

而抱着狗狗散步时，也必须能向狗狗喂食狗粮。

怎么才能做到在抱着狗狗的同时喂食狗粮呢？下面介绍的横抱姿势就可以实现这一目标。从现在开始的一周之内，要在家里让狗狗习惯横抱姿势。

横抱姿势·抱法A

1 在腰部佩戴狗狗零食袋，按照磁铁游戏（请参考P66）的要点，将狗狗引导到主人的左侧。

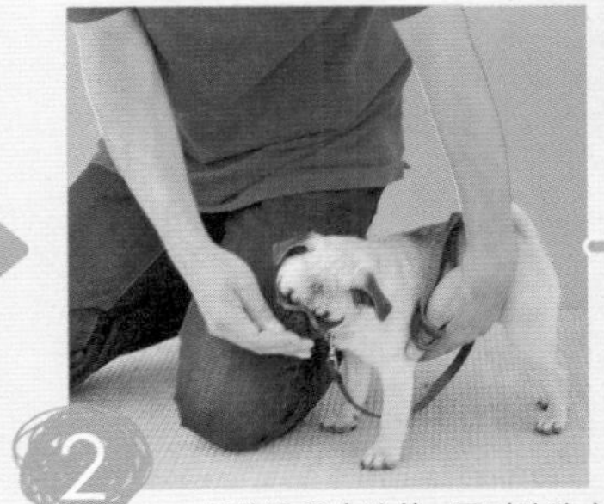

2 让狗狗舔食狗粮，同时狗狗主人左膝跪地，将狗狗引导到身体的近侧。左手环绕狗狗的腹部，将狗狗抱起到腰骨以上的位置，并贴近身体侧面，同时向狗狗喂食狗粮。

3 喂食狗粮后，将右手拇指放进项圈（请参考P76）

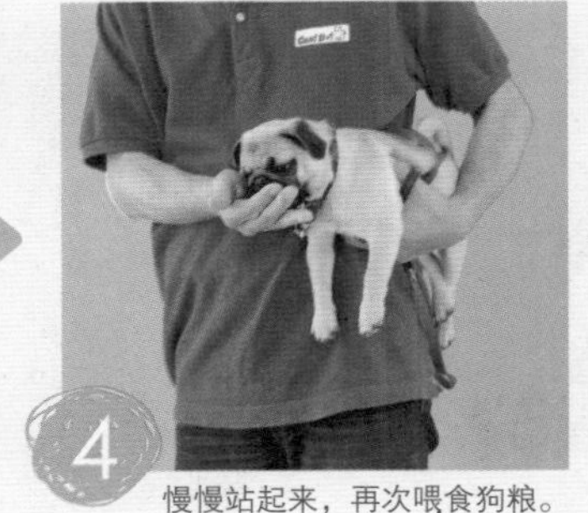

4 慢慢站起来，再次喂食狗粮。

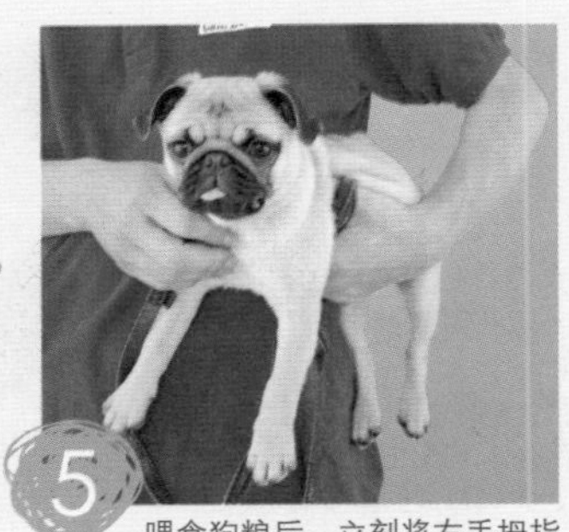

5 喂食狗粮后，立刻将右手拇指放进项圈，进行放松按摩（请参考P59）。

CHECK

抱起狗狗时要保持狗狗的躯干与地面平行（就像是狗狗四条腿站在地面一样）的状态，这一点非常重要。如照片所示，左手从手肘到手掌就像是架子一样（左），狗狗紧贴着主人的身体。

为狗狗佩戴项圈的松紧度一般以可放入两根手指为宜。如果无法放入拇指，说明项圈太紧了。如照片所示，该项圈是由大小两个绳圈组成，佩戴时从头部套上，这样可以很方便地把拇指放进项圈。

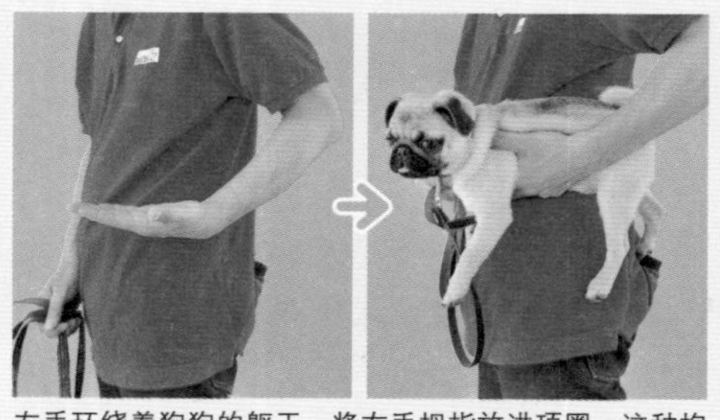

左手环绕着狗狗的躯干，将右手拇指放进项圈。这种抱法还可以对狗狗进行放松按摩（请参考P59）。

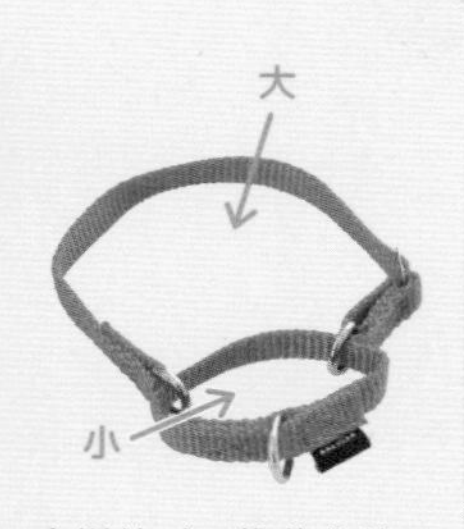

在训练时，推荐您使用Premier Collar项圈。

横抱姿势・抱法B

1 在腰部佩戴狗狗零食袋，右手拿着牵引绳，左手紧贴，要保证牵引绳伸长时左手可以够到项圈。

2 左手紧贴牵引绳，伸长至项圈边缘。

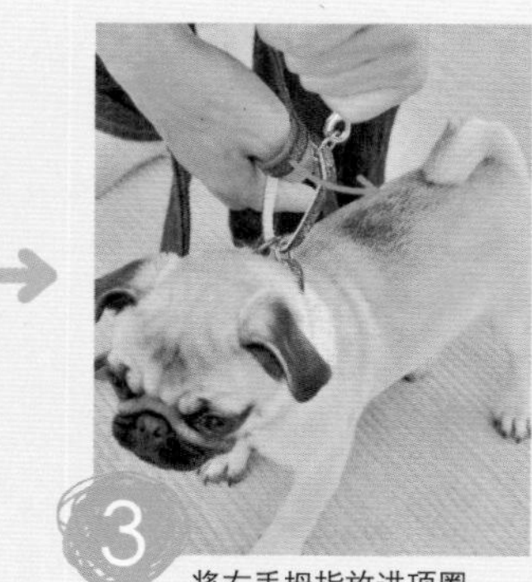

3 将右手拇指放进项圈。

在抱着狗狗移动时，也请您一定要采用横抱姿势喂食狗粮。

“如果被主人横抱着就会获得奖励”，通过重复这一操作，让狗狗习惯横抱姿势。

4 将狗狗的躯干与地面保持平行，以可以轻松为其按摩的横抱姿势（请参考P60）抱着狗狗。

5 平稳地抱起狗狗，并喂食狗粮。

基础知识

保持横抱姿势，在室内走动

如果狗狗已经习惯了横抱姿势，就可以开始横抱着狗狗在室内练习走动了，同时喂食狗粮。

为防止狗狗摔下来，除了喂食狗粮以外，一定要将右手拇指放入项圈。为了更加安全地喂食狗粮，当右手拇指从项圈中拿出时，请您务必采取以下安全措施。

如果狗狗愿意吃狗粮，就说明狗狗不紧张。

Premier Collar项圈
将左手食指放入较小的环中。

普通项圈
将靠近项圈的牵引绳卷到左手食指上。

社会化

让狗狗从窗户向外望，使其习惯外面的世界

狗狗的视线会朝向移动的事物。除了让狗狗看小鸟、行人、正在散步的狗狗，在自行车、摩托车、汽车经过时，也要让狗狗观看，同时喂食狗粮。

当外面有其他散步的狗狗经过时，让狗狗看着它们，同时喂食狗粮。

社会化

主人站在玄关的地方，让狗狗习惯外面的世界

如果狗狗已经习惯了在家里被主人抱着喂食狗粮，接下来主人就可以抱着狗狗到玄关的地方，让狗狗习惯外面的环境。让狗狗看着外面正在散步的狗狗、自行车、摩托车、汽车等事物，同时喂食狗粮。

如果邻居注意到了狗狗，他们就会称赞狗狗“好可爱”，这是让狗狗习惯陌生人的好机会。这时候可以把狗粮递给对方，拜托他们给狗狗喂食狗粮。

当有人拉着滑轮行李箱或推着手推车经过时会发出声音，让狗狗习惯这些声音。

社会化

让狗狗习惯声音

一边给予狗狗奖励，一边让狗狗听一些将来可能会听到的各种声音。请您准备一些CD※，里面收录有吸尘器、门上通话机、汽车发动机、打雷、燃放烟花等各种各样的声音。最开始时让狗狗听很低的声音，同时喂食狗粮，也可以把里面涂有（塞入）薄薄的一层泡软的狗粮或奶酪的玩具交给狗狗。

如果狗狗因为听到声音而不吃狗粮，就表明刺激过于强烈。将音量调低，直到狗狗习惯这个声音后再逐渐放大。

如果狗狗可以正常地吃狗粮，毫不在意这些声音，您可以逐渐调高音量，最终将音量调到与日常生活一致。

※什么是Destruction CD？
为了对狗狗进行社会化（习惯声音）训练，给狗狗听收录有各种各样的声音的CD。您可以使用市面上售卖的专用CD，也可以自己收集各种声音制作CD。

社会化 让狗狗习惯吸尘器

有的狗狗会在生长发育阶段对着吸尘器大声吠叫，有的狗狗甚至会因为害怕吸尘器而躲在墙角瑟瑟发抖。

虽然我们人类已经非常习惯吸尘器的响声，但是对于有些狗狗来说，每次听到吸尘器的响声都会感到害怕，变得非常紧张。为了避免这种情况发生，从社会化期开始就要让狗狗习惯吸尘器，这一点很重要。

把狗粮撒在静止状态的吸尘器附近，让狗狗习惯处于这一状态的吸尘器。

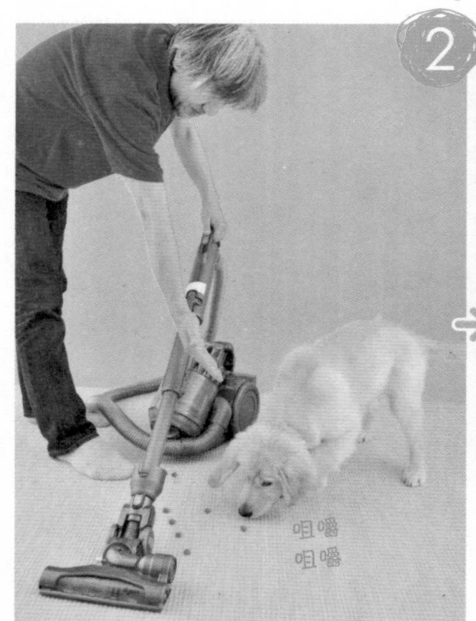

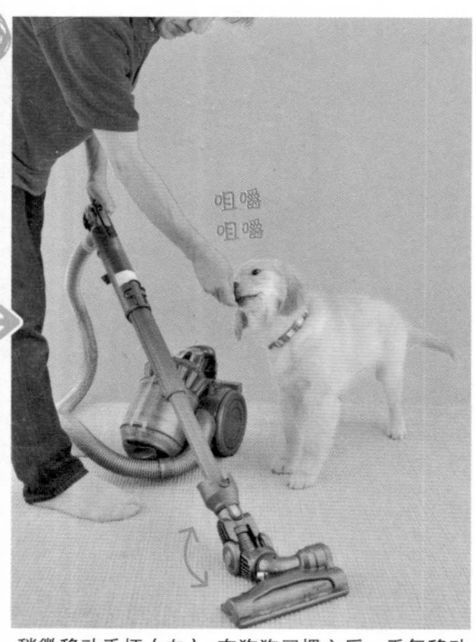

手持没有插入电源的吸尘器手柄，在撒下狗粮之后，稍微移动手柄（左）。在狗狗习惯之后，重复移动吸尘器、撒狗粮这一过程，让狗狗习惯这一动作。接下来，可以一边用手喂食狗粮，一边移动吸尘器（右）。

3

将使用吸尘器的声音与动作分离，待狗狗习惯之后，接下来就会变得很顺利。让狗狗听录下的吸尘器的响声，或者让狗狗听其他房间内插入电源的吸尘器声音，同时喂食狗粮，让狗狗习惯吸尘器的响声（请参考P79）。

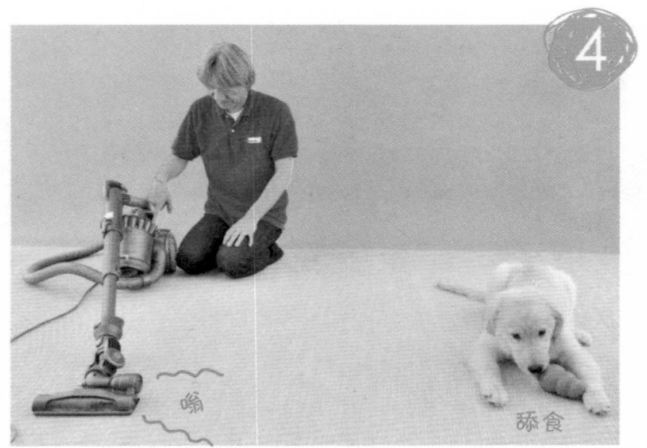

如果狗狗已经习惯了吸尘器的声音，接受了吸尘器这一事物，您可以打开电源，让吸尘器开始工作。但是，注意不能在狗狗身边突然打开开关，而是应该在墙角等与狗狗有一定距离的地方打开，然后一边喂食狗粮，一边慢慢靠近狗狗，让狗狗慢慢习惯。

一边观察狗狗的情况，一边实施步骤❹。一开始可以将狗粮扔到狗狗身边，在狗狗习惯之后，逐渐在靠近吸尘器的位置撒狗粮。

让狗狗习惯物品的方法

即使是同样的物品，在移动和静止的状态下，狗狗对其的反应也会不一样。
同样，在发出声音和不发出声音的状态下，狗狗的反应也会不一样。

以吸尘器为例：

ⓐ静止不动＋不发出声音　　ⓒ移动＋不发出声音
ⓑ静止不动＋发出声音　　ⓓ移动＋发出声音

在以上4种状态中，狗狗反应最为强烈的是状态ⓓ，而不容易做出反应的是状态ⓐ。请您按照ⓐ⇒ⓑ⇒ⓒ⇒ⓓ或者ⓐ⇒ⓒ⇒ⓑ⇒ⓓ的顺序，训练狗狗习惯移动且发出声音的物品。

禁区和边界线

随着对狗狗实施的社会化训练不断深化，主人要让狗狗明白禁区和边界线的概念。以声音的刺激为例，音量越大刺激越强，音量越小刺激越弱。而如果刺激达到一定程度，大脑就会做出反应。

做出反应的这一边界程度被称为“边界线”，而刺激程度达到边界线以上的区域被称为“禁区”，刺激程度在边界线以下的区域则被称为“安全区”。也就是说，禁区是狗狗会感到恐怖和不安的区域，边界线是狗狗是否做出反应的刺激程度，安全区则是狗狗不会感到恐怖和不安的区域。对于狗狗来说，最理想的社会化训练是将边界线设置得高一些，从而减少禁区的存在。

为了提高边界线，就要在安全区中接近边界线的地方，反复地让狗狗体验到“获得奖励”。以吸尘器为例，以狗狗勉强不会做出反应的方式移动吸尘器，同时喂食狗粮。如果狗狗吃了狗粮，就意味着进入了安全区。相反，如果狗狗不吃狗粮，就意味着已经进入了禁区。因此，在对狗狗进行社会化训练时，一定要时刻注意不能把狗狗逼到禁区里，这一点很重要。

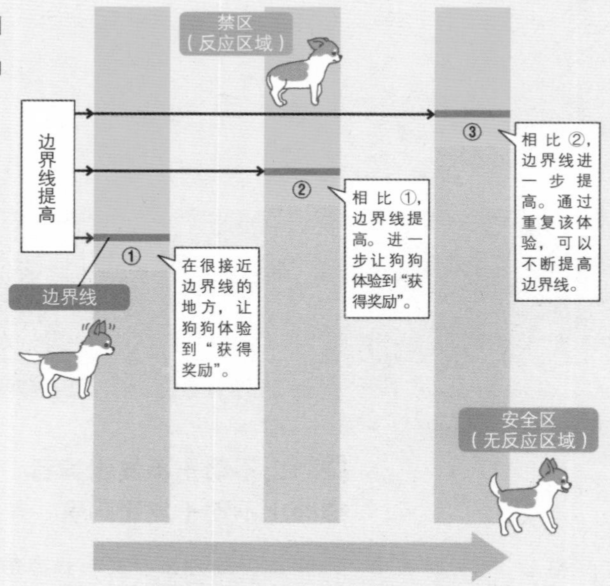

通过实施训练，可以逐渐提高边界线

让狗狗习惯护理

让狗狗习惯被主人抓着鼻口部

如果狗狗无法接受被主人抓着鼻口部，就无法对狗狗脸部周围进行护理。在给狗狗刷毛时会很费力，不能喂狗狗吃药，也不能给狗狗刷牙。

虽说只要让狗狗理解“如果让主人抓着鼻口部，就会获得奖励”就可以了，但是在主人想要抓着狗狗的鼻口部时，狗狗可能会玩闹着抓咬主人的手。

因此，主人不能突然去抓狗狗的鼻口部，而应当首先让狗狗理解“主动把鼻口部伸进主人的手中，就会获得奖励”。

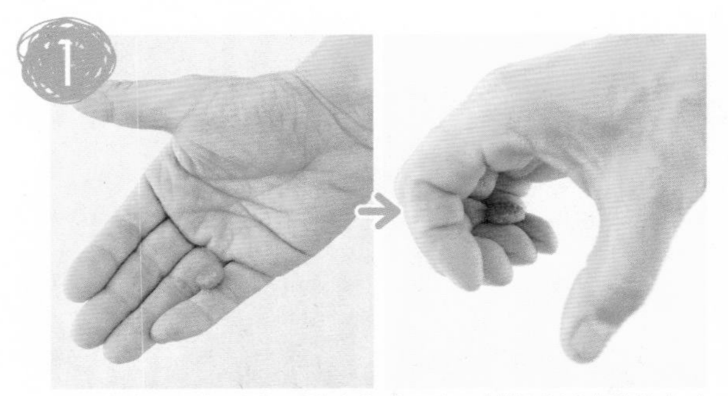

将狗粮放在小指一侧，手指弯曲成圆形，这样可以方便狗狗主动把鼻口部伸进主人的手中。

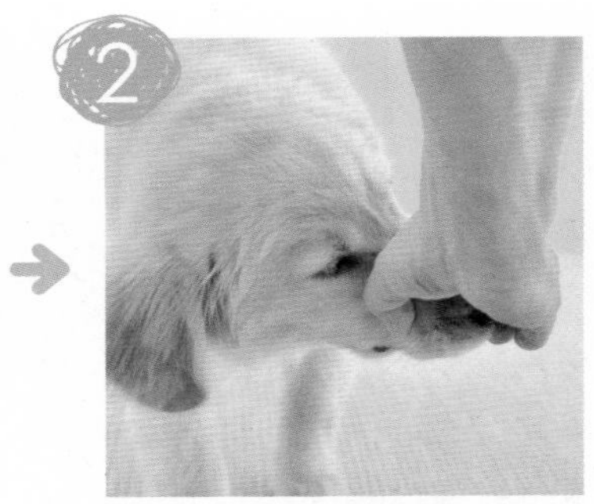

如果狗狗立刻把鼻口部伸进主人的手中，在喂食狗粮之前，握住狗狗的鼻口部，注意手握的范围不能让狗狗感到不舒服。

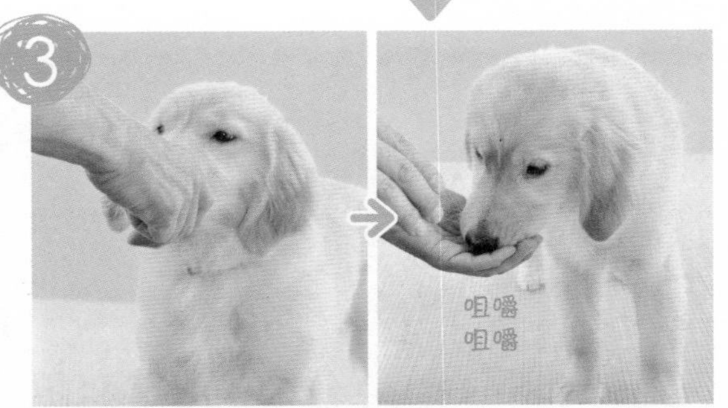

如果步骤❷已经顺利完成，说明狗狗应该已经可以接受被主人抓着鼻口部了。这时候请您先抓住狗狗的鼻口部，然后喂食狗粮。

有的狗狗可能会在吃到手中的狗粮之后就马上缩回身子，那么就很难进入步骤❷了。这时可以在小指一侧涂上奶酪。这样狗狗就会慢慢地舔食狗粮，也就可以进入步骤❷了。

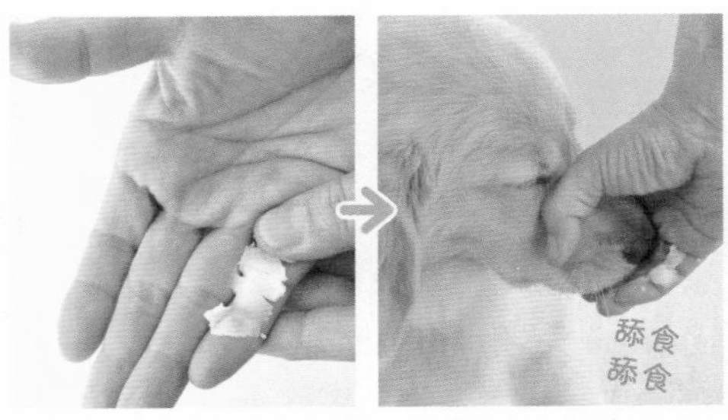

狗狗舔食糊状的奶酪需要花费一段时间，这样狗狗将鼻口部伸入主人手中的时间肯定就会延长。

让狗狗习惯护理

让狗狗习惯毛巾、纸巾、纱布

当主人想要擦拭狗狗的脚和身体时，有的狗狗可能会调皮地抓咬毛巾。当主人想要为狗狗擦拭眼屎时，有的狗狗可能会抓咬纱布。为了避免这种情况的发生，请您事先训练狗狗，让它习惯毛巾、纸巾、纱布。

晃动的毛巾可能会让狗狗感觉兴奋，开始调皮地啃咬毛巾。因此，可以用左手拿着叠好的毛巾，右手紧握狗粮。

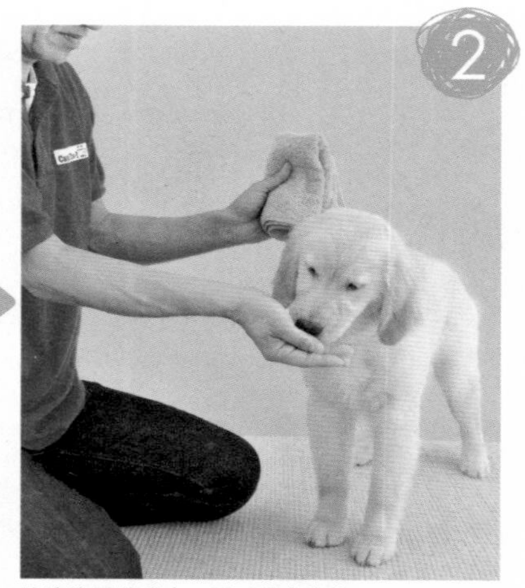

让狗狗看着毛巾，同时喂食狗粮。

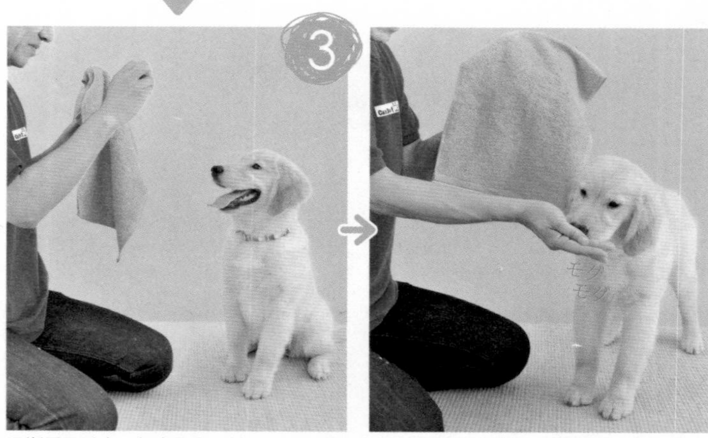

逐渐展开毛巾，与步骤❷一样，让狗狗看着毛巾，同时喂食狗粮，从而让狗狗习惯毛巾。

让狗狗习惯护理

葫芦玩具的利用方法

下面我们将介绍4个使用葫芦玩具的方法，帮助我们更加轻松地照顾狗狗。每一种方法都需要提前准备好塞入泡软的狗粮和涂上薄薄一层奶酪的葫芦玩具。

方法1

用脚踩住

通过调整葫芦玩具的方向，可以让狗狗改变身体的朝向，能够很轻松地就能解开牵引绳，也非常适用于对狗狗耳朵进行护理。但是，这时狗狗经常是俯卧的姿势，不适合进行全身刷毛。

将葫芦玩具卡在狗狗厕所的隔栏上固定，高度与狗狗的鼻子平行。适用于擦拭狗狗的后足，也可以从后面给大型犬刷毛。

将葫芦玩具口朝上地夹在两腿膝盖中间。因为是口朝上放置，可以防止狗狗卧倒。适用于擦拭小型犬的四脚以及全身刷毛，也可以擦拭大型犬的前脚以及上半身刷毛，还可以清洁耳朵或擦拭眼屎。

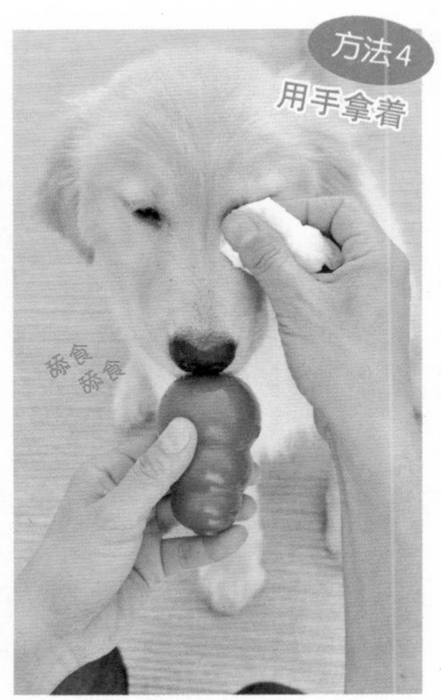

适用于擦拭眼屎等。当然也可以让家人拿着，自己用双手给狗狗刷毛、擦脚等。

学会特定行为 “到这儿来”，磁铁游戏的延伸

“到这儿来”是实现与狗狗幸福生活在一起中不可或缺的行为之一。如果狗狗学会这一行为，不但可以预防狗狗的调皮行为，而且有助于避免发生危险。

如果主人想带着狗狗去散步，基本要求就是让狗狗学会“到这儿来”这一行为。注意，这个行为要从狗狗很小的时期开始学起。

最开始时的时候，可以让狗狗追着向后倒退行走的主人，在狗狗的身体紧贴主人后，奖励狗狗，用这种方法教会狗狗“到这儿来”。

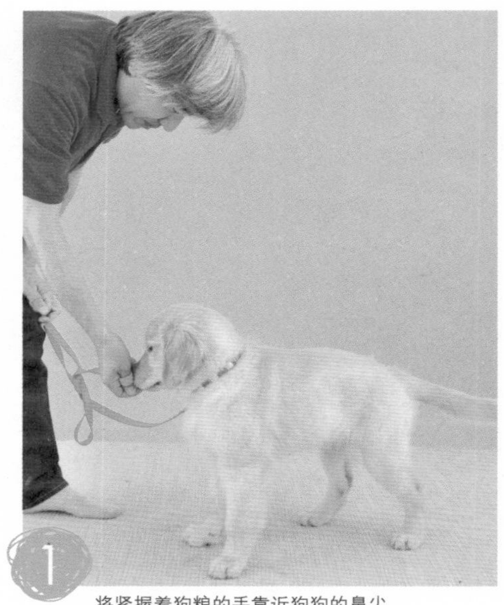

将紧握着狗粮的手靠近狗狗的鼻尖。

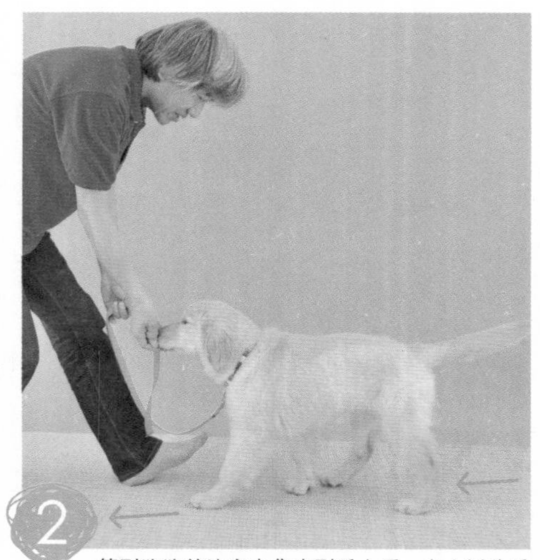

等到狗狗的注意力集中到手上后，主人以此手引导着狗狗，自己向后倒退着走。

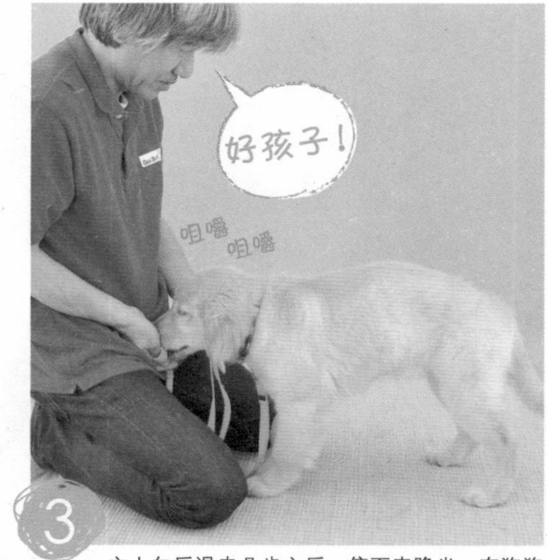

主人向后退走几步之后，停下来跪坐。在狗狗的身体紧贴主人后，对狗狗说称赞的话，喂食狗粮并抚摸狗狗（请参考P48）。

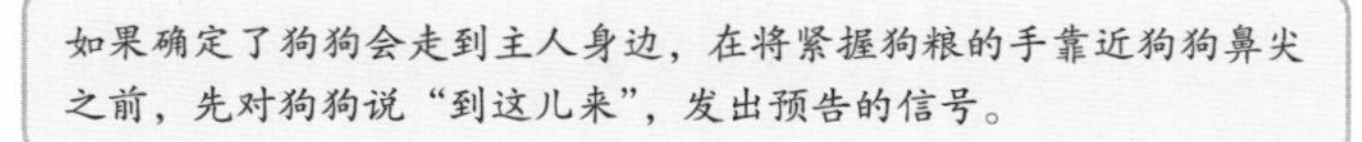
如果确定了狗狗会走到主人身边，在将紧握狗粮的手靠近狗狗鼻尖之前，先对狗狗说“到这儿来”，发出预告的信号。

学会特定行为

教给狗狗“眼神交流”的信号

我们在第二部分中介绍了眼神交流的训练方法（请参考P67），如果您的狗狗已经完成了P86的步骤❶~❸，可以在将紧握的手靠近狗狗之前，做出喊狗狗名字的预告。通过这一方法让狗狗对“名字”这一信号做出反应，开始抬头看主人。

学会特定行为

教给狗狗“给我”的信号

我们在第二部分中还介绍了拉扯游戏（请参考P70），如果您的狗狗已经完成了P86步骤❶~❸（狗狗嘴里叼着玩具），可以在将紧握的手靠近狗狗之前，对狗狗说“给我”等预告的话。通过这一方法让狗狗对“给我”这一信号做出反应，放下玩具。

问题预防

不让狗狗做出要求型吠叫

狗狗之所以会习惯地做出某种行为，是因为在做出这些行为后会获得奖励，或者没有得到惩罚。

经常听到一些狗狗主人说“狗狗总是乱叫，很烦人”，但是对于狗狗来说，那并不是乱叫，因为狗狗认为吠叫之后会获得奖励。

因为能够获得奖励而形成吠叫的习惯，最具代表性的就是“要求型吠叫”。与其他问题一样，如果等到出现问题以后再去寻找改善方法，一定费时费力。

为了避免出现这种情况的发生，请您从小狗时期就注意预防。

即使吠叫也不会给予奖励

针对因为会获得奖励而形成习惯的吠叫，要采取不给予奖励的措施。

有的狗狗会在便携式狗笼里吠叫，就像是在说“快来人啊”。这时候，绝对不能把狗狗从便携式狗笼里放出来，也不能对狗狗说“别叫啦”“稍等一下”的话。正确的做法是不与回应，在狗狗安静下来之后，才把它从便携式狗笼里放出来，才和它说话。

如果狗狗在主人手里拿着玩具或狗粮时吠叫，这时候绝对不能把玩具或狗粮交给狗狗。正确的做法是扭转视线不看狗狗或背对狗狗，等到狗狗安静下来之后，才把玩具或狗粮给狗狗。

有时候狗狗可能会一直吠叫，就好像在说“快来陪我玩”“快看我”，但还是要采取同样的措施。无论如何都不去看狗狗，直到它安静下来之后才陪它玩耍。

责骂狗狗不会带来任何改善效果，请您一定要认识到这一点。如果狗狗想要主人陪它玩，即使责骂狗狗，它也会认为你是在陪它玩。最重要的不是思考如何责骂才能让狗狗改正，而是应该思考怎么才能不责骂就解决问题。

事先采取措施，避免发生狗狗吠叫的情况

首先要观察狗狗在什么时候会吠叫，记录下来。通过这种方法，可以清楚狗狗的吠叫情况，并针对情况采取措施，避免再次发生。

而我们要采取的措施，就是在狗狗吠叫之前，将涂满泡软的狗粮和奶酪的橡胶玩具等交给狗狗。

在家庭聚会上，如果家长带着幼儿一同前往，小孩子很可能会突然大吵大闹，“妈妈，真没意思，我们回家吧！”如果家长可以预料到这一点，在小孩子开始大吵大闹前就把故事书、绘本、折纸等给孩子，避免吵闹的发生。这和以上的情况是完全一样的，因为责骂不会改变什么，只有事先采取措施，避免陷入必须责骂的情况，这才是聪明的家长和聪明的狗狗主人应当采取的应对措施。

在狗狗主人需要操作电脑时，也可以事先把涂满狗粮的葫芦形橡胶玩具交给狗狗，创造出狗狗安心玩耍的空间。如果便携式狗笼的训练进展顺利，还可以采取让狗狗待在便携式狗笼里等待的方法。提前做好应对措施，让狗狗停止做出令人困扰的行为，这一点很重要。

问题预防

避免狗狗养成叼着东西不放的习惯

随着狗狗一天天长大，有的狗狗可能会开始叼着东西不放开。而且，很多狗狗还会同时伴有低吼、啃咬等行为。如果等到出现问题以后再去寻找改善措施，一定费时费力。因此，最好在狗狗未出现问题时提前预防。

不要强迫狗狗交出叼着的东西

强硬地把狗狗叼着的东西夺过来（让狗狗松开叼着的东西），是绝对不可取的。狗狗有时会把没有收拾的纸屑、袜子或危险物品叼在嘴里，此时如果主人慌慌张张地想要夺过来，为了不让主人夺走，狗狗可能会把东西吞下去，甚至为了反抗而咬伤主人。

从小狗时期开始，采取用狗粮和狗狗交换的措施

如果主人想要狗狗松开叼着的东西，完全不用慌张，只要用狗粮和狗狗交换就好了。当然，也可以采取在狗狗旁边的地板上撒上狗粮的方法。

主人也可以通过与狗狗玩耍，向狗狗发出“给我”的声音信号（请参考P87），教会狗狗松开嘴里叼着的东西。此外，还可以采取第四部分中介绍的“让狗狗习惯被主人掰开嘴巴”（请参考P104）的训练方法。

如果主人在小狗时期就采取了以上的应对措施，向狗狗传达“如果松开嘴里叼着的东西，就会获得奖励”的信息，那么狗狗长大以后就不会养成叼着东西不放的习惯。

如果狗狗叼住了掉在地板上的袜子（左），主人可以在地板上撒狗粮，趁狗狗的注意力转移到狗粮上时，悄悄地把袜子夺过来。然后，为了避免今后再发生类似的情况，请您一定要把袜子妥善收拾起来。

怎么给狗狗剪指甲？

狗狗的指甲与血管和神经相通。指甲长长后，血管和神经也会相应地延伸。如果指甲长到一定程度还没有剪，以后就会变得很难剪，陷入恶性循环。但是，如果剪的方法不对，一下剪得过多，会伤到血管和神经，导致出血，也会让狗狗感到很疼痛。

有的狗狗可能会在主人想给它剪指甲时用力咬主人，甚至还有主人给狗狗擦拭脚底时拒绝配合。其中很大一部分是因为狗狗在剪指甲时感到疼痛。

让狗狗习惯剪指甲

当然，如果您想自己给狗狗剪指甲，可以采取以下的方法，让狗狗逐渐习惯。

1. 轻轻触碰狗狗的脚尖，同时喂食狗粮。
2. 如果狗狗没有在步骤❶里表现出不满意，可以轻轻握着狗狗的脚尖，同时喂食狗粮。
3. 逐渐增强握着狗狗脚尖的力度，同时喂食狗粮。
4. 如果狗狗没有在步骤❸里表现出不满意，可以让狗狗看着剪指甲的道具，同时喂食狗粮。
5. 在狗狗旁边将指甲剪咔嚓咔嚓地空剪几下，同时喂食狗粮。
6. 左手握住狗狗的脚尖，右手拿着指甲剪咔嚓咔嚓地空剪几下，同时喂食狗粮。
7. 如果狗狗没有在步骤❻里表现出不满意，左手握住狗狗的脚尖，右手拿着指甲剪接触狗狗的指甲，同时喂食狗粮。
8. 如果狗狗没有在步骤❼里表现出不满意，用指甲剪夹住狗狗的指甲，同时喂食狗粮。

※按照以上步骤慢慢让狗狗习惯剪指甲，而不是直接进入狗狗的禁区（请参考P82），这一点很关键。如果狗狗已经接受了上面的各个步骤，可以剪掉狗狗的一个指甲，然后这一天的任务就完成了。“每天剪一个指甲，20天就可以剪完狗狗四只脚上所有的指甲了”，主人一定要抱有这样的心态，这一点很重要。当然，在狗狗完全习惯之后，就可以一次性剪完所有指甲了。

好在不用每天都给狗狗剪指甲，每隔3~4周剪一次就可以了。因此，差不多每个月一次的护理项目还是交给专业人员好了。在完成第三次疫苗接种以后，可以在动物医院给狗狗剪指甲。此后，可以到专门为狗狗修剪毛发的宠物店或沙龙等修剪指甲。

在进入第四部分之前，先让我们检查一下第三部分中介绍的训练是否已经完成。（填写方法请参考P72）

第三部分的完成情况检查表

训练内容			完成	需加油	差得远	记录
基础知识	狗狗上厕所训练	把狗狗从便携式狗笼里放出来之后，狗狗会主动走进附近的狗狗厕所排泄。	□ ／	□ ／	□ ／	
		逐渐拉开了便携式狗笼与狗狗厕所之间的距离。	□ ／	□ ／	□ ／	
	抱狗狗	已经可以用放松抱持的横抱姿势抱着狗狗来回走动。	□ ／	□ ／	□ ／	
让狗狗习惯护理	抓着狗狗的鼻口部	经过训练，狗狗已经习惯被主人抓着鼻口部。	□ ／	□ ／	□ ／	
	擦拭狗狗的身体和脚	狗狗已经习惯了毛巾、纸巾和纱布等物品。	□ ／	□ ／	□ ／	
	更换牵引绳、擦拭眼屎	通过充分利用葫芦玩具，狗狗习惯这些事情。	□ ／	□ ／	□ ／	
社会化	让狗狗习惯外面的环境	狗狗已经习惯了来自室外的刺激（最初在室内，之后在玄关处）。	□ ／	□ ／	□ ／	
	让狗狗习惯声音	狗狗已经习惯了各种声音。	□ ／	□ ／	□ ／	
	让狗狗习惯物品	已经开始让狗狗习惯吸尘器等会发出声音且移动的物品。	□ ／	□ ／	□ ／	
	让狗狗习惯陌生人	已经让快递配送员等向狗狗喂食狗粮了。	□ ／	□ ／	□ ／	
教会狗狗正确的行为	“到这儿来”	作为磁铁游戏的延伸，狗狗已经可以回应主人说的“到这儿来”，并靠近倒走的主人。	□ ／	□ ／	□ ／	
	“到这儿来”的信号	已经通过发出预告（信号＝“到这儿来”），对狗狗进行“到这儿来”的训练。	□ ／	□ ／	□ ／	
	眼神交流的信号	已经通过发出预告（信号＝狗狗的名字），对狗狗进行眼神交流的训练。	□ ／	□ ／	□ ／	
	“给我”的信号	已经通过拉扯游戏中发出预告（信号＝“给我”），教会狗狗松开玩具。	□ ／	□ ／	□ ／	
问题预防	要求型吠叫的应对措施	做到了不责骂狗狗，通过“不去看狗狗”让其变得平静，之后再陪它玩耍。	□ ／	□ ／	□ ／	
		充分利用葫芦玩具或便携式狗笼，成功避免了导致狗狗做出“要求型吠叫”的情况。	□ ／	□ ／	□ ／	
	预防狗狗叼着东西不放	没有强迫狗狗交出叼着的东西，而是采取用狗粮和狗狗交换的方法达到目的。	□ ／	□ ／	□ ／	

饲养第三周~第二次疫苗接种后两周

此阶段的狗狗相当于人类4~5岁的小孩子。这时可以开始在室外对狗狗进行社会化训练了。

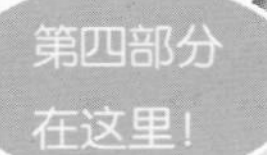

本书各个部分		Part2	Part3	Part4	Part5	Part6	Part7	Part8
疫苗	第一次 自第一次疫苗接种起两周后		第二次	自第二次疫苗接种起两周后	第三次	自第三次疫苗接种起两周后		
狗狗的周龄和月龄	7周龄 8周龄 2月龄	9周龄左右	10周龄左右	11~12周龄	3月龄左右	4~5月龄 出生后150天左右	5~7月龄	第二性征期以后

把狗狗带回家里两周后，就可以在室外对狗狗进行社会化训练了。但是，因为接种了疫苗，这时候还不能让狗狗在地面走动。如果是小型犬、幼年中型犬，可以以横抱姿势抱着狗狗出去遛狗。但如果是幼年大型犬，就需要使用狗狗专用的手推车了。

基础知识

上厕所训练

是否已经顺利实施了上厕所训练，并成功地避免了狗狗体验到失败？

如果进展顺利，即使把狗狗带到客厅以外的地方，在狗狗想要排泄的时候它也会主动去上厕所。这时候如果能够坚持再监督狗狗一段时间，以后应该就不用担心狗狗上厕所的问题了。如果狗狗在一个月内都能成功地完成上厕所，以后就不需要再盯着狗狗了。

到了这个时候，狗狗能够忍耐着不排泄的时间已经延长到4个小时。这样白天可以让狗狗在便携式狗笼连续呆4个小时，晚上可以让狗狗在便携式狗笼里呆5个小时。

社会化

让狗狗习惯手推车（室内）

如果是幼年大型犬，主人很难抱着遛狗。因此，在把狗狗带到室外之前，主人首先要让狗狗习惯专用的手推车。

首先在手推车旁边喂食狗粮。

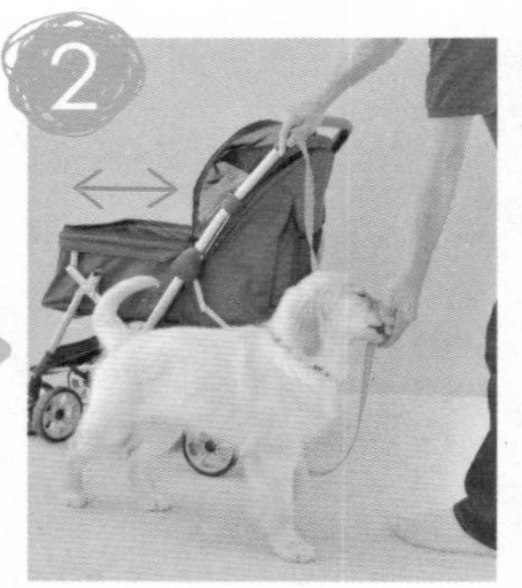

如果步骤❶没有问题，可以在推动手推车的同时喂食狗粮。

在手推车中撒入狗粮（上），把狗狗抱起来，放进手推车。

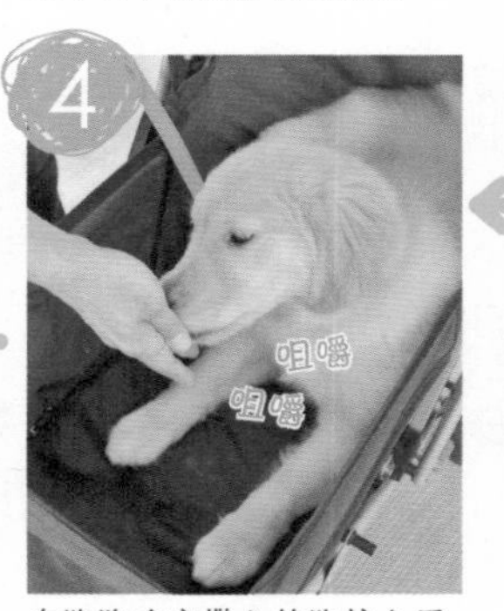

在狗狗吃完撒入的狗粮之后，用手喂食狗粮。

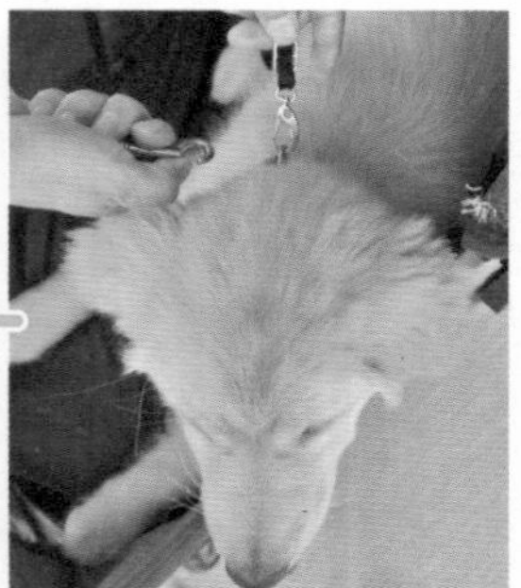
为狗狗换上绑在手推车上的牵引绳（右），缓缓推动手推车，同时喂食狗粮。等到狗狗习惯之后，逐渐延长推动手推车的距离。

社会化

让狗狗习惯室外（遛狗时抱着狗狗或用手推车推着狗狗）

在开始饲养狗狗之后的第三周，主人就可以抱着狗狗或用手推车推着狗狗（幼年大型犬）在自己家周围遛狗了，从而让狗狗习惯外面的世界。

主人可以偶尔停下来几分钟，给狗狗喂食狗粮，从而让狗狗习惯来自外界的刺激。

等到狗狗习惯了自家周边的环境之后，主人就可以带着狗狗到十字路口、商业街、车站前等刺激更为强烈的地方重复上述操作。

幼年大型犬可以用狗狗专用手推车推着，比较方便移动。

如果狗狗不好抱，也可以使用背巾。
※ 背巾是指袋状的背带。主人可以把狗狗放进背巾的口袋里，斜背在肩膀上。

也要让狗狗习惯马路等嘈杂的环境。

站在商店前喂食狗粮。

社会化

让狗狗习惯外面的物品

主人还需要让狗狗习惯在遛狗时看到的所有物品。

对于自行车、摩托车、汽车等移动的物品，最开始要抱着狗狗在稍远的地方喂食狗粮，观察狗狗的情况，慢慢缩短距离。

不能想当然地认为静止不动的物品不会对狗狗造成影响，其实可能只是因为狗狗没有注意到这些物品。为了让狗狗习惯邮筒、自动售货机等静止不动的物品，主人可以轻轻敲击该物品，当狗狗看向该物品的时候喂食狗粮。

触摸邮筒的投信口，发出声音，引起狗狗的注意。

对于正在移动的自行车、汽车，要让狗狗在稍远的地方观看，如果狗狗开始吃狗粮了，可以逐渐缩短距离。

敲击或拧开自来水管的水龙头，引起狗狗的注意。

敲击烟灰箱，吸引狗狗的视线。

打开自动售货机的取物口挡板，发出声音，引起狗狗的注意。

把旗子拉近给狗狗看，摇动旗子发出声音，在狗狗听着声音的同时喂食狗粮。

控制刺激的强弱程度

前面我们提到过，所有物品共有4种状态（请参考P81）。狗狗主人要按照ⓐ⇒ⓑ⇒ⓒ⇒ⓓ或者ⓐ⇒ⓒ⇒ⓑ⇒ⓓ的顺序，训练狗狗习惯移动且发出声音的物品。但是实际上，在让狗狗习惯外面行驶的摩托车等车辆时，很难按照这一顺序实施。

如果是移动且发出很大声音的物品，可以通过调整与该物品之间的距离，控制刺激的强弱程度。距离越远，刺激越弱；距离越近，刺激越强。如果狗狗不再吃狗粮，说明已经进入了狗狗的“禁区”（请参考P82）。这时需要稍微离远一点，同时喂食狗粮，观察狗狗的情况，逐渐靠近，让狗狗慢慢习惯。

社会化

让狗狗在外面习惯各种各样的陌生人

在外面遇到朋友时，拜托朋友帮忙，对狗狗实施习惯陌生人的训练（请参考P74）。有的路人看到狗狗后会称赞狗狗可爱，这时候也应该抓住机会，拜托他们帮忙实施训练。甚至有的人虽然没有说出来，但是会看着狗狗微笑，您也可以拜托他们帮忙，其实很多人都会乐意帮忙的。

在路上偶遇到喜欢狗狗的人，可以拜托他们给狗狗喂食狗粮。

穿西装的人、穿制服的人、托着大件行李的人、建筑工地的……无论男女老幼，都可以拜托他们给狗狗喂食狗粮。

可以让狗狗隔着围栏观看正在运动的人，然后喂食狗粮。

可以让狗狗在围栏外面观看充满活力的小孩子，然后喂食狗粮。

可以拜托站在便利店门前的店员给狗狗喂食狗粮。

社会化

让狗狗看到其他狗狗，并习惯其他狗狗

主人带着狗狗外出时，经常会遇到其他正在散步或在公园里玩耍的狗狗。因为狗狗接种了疫苗，暂时还不能和其他狗狗接触，但是主人可以抱着它去习惯其他狗狗。当狗狗看到其他狗狗并确认其存在后，您就可以喂狗狗吃狗粮了。

最好是先让狗狗习惯体型差不多的狗狗。当狗狗接近其他狗狗并确认其存在后，喂食狗粮，观察狗狗的情况。

除了其他狗狗，也可以让狗狗习惯公园里的鸽子等。

社会化

让狗狗习惯在各种地面上行走（室内）

注意！

当狗狗不愿意在某种材质的地面上行走时，绝对不能拉紧牵引绳，强迫狗狗走过去。狗狗之所以不愿意走，是因为害怕。如果主人不管不顾，强迫狗狗站到这种地面上，不利于主人与狗狗之间构建良好的关系。

如果狗狗没有学会在各种材质的地面上行走，当主人把狗狗带到不同地方时，狗狗就会变得紧张。主人可以按照磁铁游戏的“到这儿来”（请参考P86）的要点，让狗狗在各种物品上面行走，这是在外面进行习惯训练之前的预备练习，因此请您一定要给狗狗佩戴牵引绳。

如果主人在狗狗从地面上走过之后才喂食狗粮，有的狗狗就会急急忙忙地走过去。如果您想让狗狗慢慢行走，可以在狗狗站在该地面上时就喂食狗粮。

有的狗狗可能不愿意在某种材质的地面上行走，这时可以在上面撒上狗粮。因为即便狗狗不愿意在上面行走，也会为了捡拾地上的狗粮而走过去。

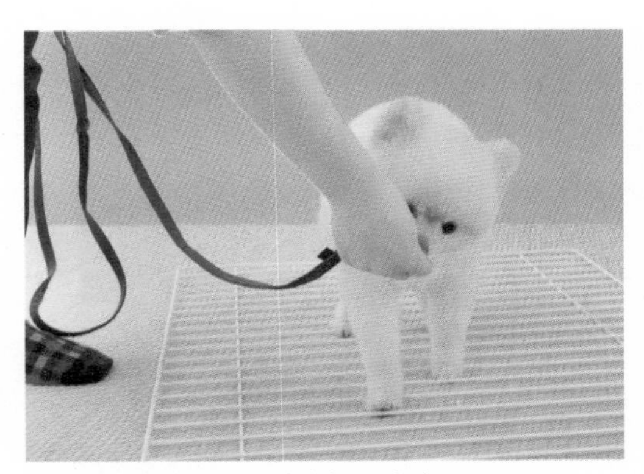

卸下狗狗厕所的一面，让狗狗在上面行走。

让狗狗在光滑的纸板箱上行走。

在沙沙作响的塑料布上行走。

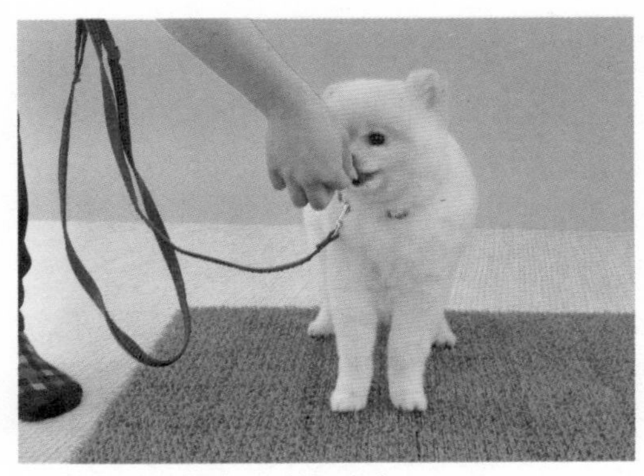

让狗狗在凹凸不平的人造草坪上行走。

高尔夫球袋也是一样，先在周围撒上狗粮，让狗狗习惯高尔夫球袋。当狗狗习惯之后，主人可以背起高尔夫球袋走动起来，帮助狗狗彻底习惯高尔夫球袋。

将行李箱的拉杆拉开，在行李箱周围撒上狗粮，然后让狗狗走近。在狗狗习惯之后，可以前后拉动行李箱，让狗狗习惯这一动作。

在打开的自动伞下方撒上狗粮，让狗狗习惯自动伞。当狗狗习惯之后，就一点一点地打开自动伞，让狗狗习惯打开伞这一动作。

社会化

让狗狗习惯各种各样的物品（室内）

如果狗狗已经习惯了吸尘器，接下来，主人可以开始让狗狗习惯家里其他移动的物品。

此外，在遛狗的路上可能会遇到一些物品。如果能预先在家里让狗狗习惯这些物品，遛狗时就更放心了（请参考P80~81）。

社会化

让狗狗习惯门铃的声音

到了四月龄左右，有的狗狗会在门铃响起时吠叫。这是因为狗狗把门铃的声音当作陌生人进家的预告，从而发出警戒吠叫。为了避免此事，主人可以录下门铃的声音，边让狗狗听边喂食狗粮，让狗狗习惯门铃的声音。接下来可以实际按响门铃，采用同样的方法让狗狗习惯门铃的声音。在家人回家或客人来访时，当门铃响起后，也请您一定要记得给狗狗喂食狗粮。

这样重复几天之后，狗狗就会把门铃的声音当作是从主人那里得到狗粮的预告，不再发出警戒吠叫。

拜托一个人按响门铃，守在狗狗身边的另一个人在听到声音后，立刻给狗狗喂食狗粮。

社会化

录下真实的声音，让狗狗习惯这些声音

主人在抱着狗狗散步时，如果狗狗对某些声音过度关注（不再吃狗粮），主人可以录下这些声音，并让狗狗习惯这些声音。

除了商业街的噪音、道口的声音、汽车喇叭的声音、附近其他狗狗的叫声以外，还要将玄关外传来的脚步声等录下来，然后让狗狗反复听这些声音，并喂食狗粮。如果您需要带着狗狗乘车，最好能事先录下车里的声音，提前让狗狗习惯这些声音。

如果通过以上措施，可以成功地让狗狗习惯各种各样的声音，那么即使狗狗将来听到了并不熟悉的新声音，也不会做出过度反应。

使用录音机录下日常生活中的各种声音，时常放给狗狗听，让狗狗习惯这些声音。

让狗狗习惯护理

让狗狗习惯浴室

您将来或许会在家里给狗狗洗澡。在普通家庭里，能给狗狗洗澡的地方就是浴室。您可以不时地把狗狗带到浴室，并喂食狗粮，让狗狗习惯浴室。

把狗狗放到洗澡的地方，然后喂食狗粮。

让狗狗习惯护理

让狗狗习惯站在高台上

在动物医院等地方进行检查时，需要让狗狗站在检查台上；在宠物美容店等地方为狗狗修剪毛发时，需要让狗狗站在修剪台上。为了减轻狗狗在接受检查或修剪毛发时的紧张情绪，主人需要让狗狗习惯站在高台上。

当狗狗站在高台上时，如果脚下很滑，狗狗会感到很害怕，因此推荐您在高台上铺上防滑垫。

注意！

如果把狗狗放到高台上，狗狗变得全身僵硬、颤抖，也不吃撒下的狗粮，说明已经进入了狗狗的禁区（请参考P82）。这种情况下，请您首先把狗狗放到较低的台子上，然后再放到较高的台子上，让狗狗逐渐习惯。

1

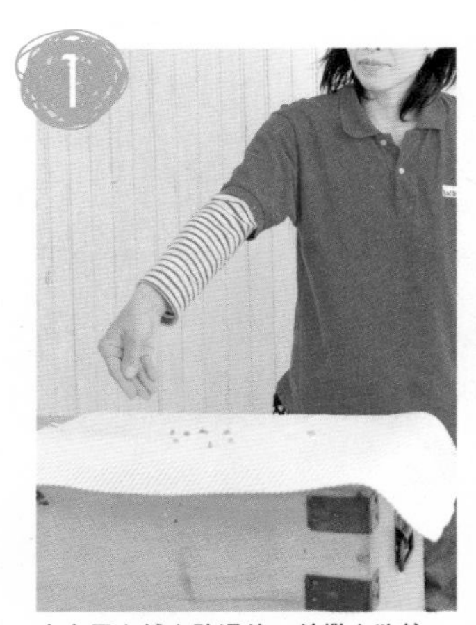
在台子上铺上防滑垫，并撒上狗粮。

2

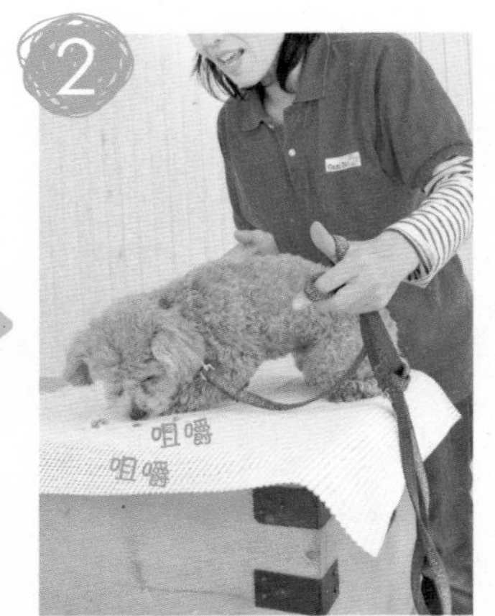

将狗狗抱起，放在台子上，并让狗狗吃狗粮。为防止狗狗掉下去，要紧握牵引绳（很短一段），并始终看着狗狗。

让狗狗习惯护理

让狗狗习惯佩戴项圈

在主人想给狗狗戴上项圈时，有的狗狗可能会逃跑，甚至有的狗狗还会为了不让主人抓住自己而啃咬主人。为了能在出现意外时避免狗狗遭受危险，主人要从小训练狗狗，以保证为其戴上项圈时，会很平静。

狗狗会接受最终可以带来奖励的情况，因此，主人可以按照“把手指放入项圈、喂食狗粮”这一流程，让狗狗习惯佩戴项圈这件事情。但是，有的狗狗可能会很讨厌主人把手指放入项圈。为了让狗狗习惯这个它讨厌的过程，主人需要事先给予狗狗奖励，并同时创造过程，分阶段地将其转化为狗狗认为的可以带来奖励的行为。

具体步骤如下所示：

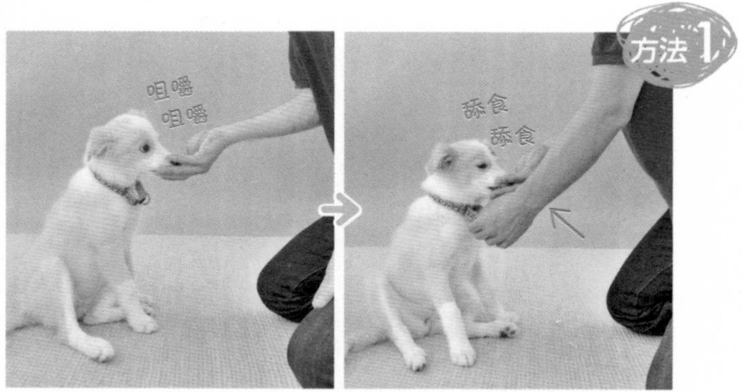

让狗狗舔食狗粮，同时给狗狗戴上项圈，如果成功，就让狗狗继续吃狗粮。

注意！

如果一件事情可能会受到惩罚，狗狗就会极力避免这件事情的发生。因此，在给狗狗戴上项圈之后，绝对不能做出让狗狗感觉自己受到了惩罚的行为。

让狗狗吃狗粮，同时给狗狗戴上项圈。

先给狗狗戴上项圈，然后让狗狗吃狗粮。

如何让狗狗习惯使其感觉受到惩罚的事情

狗狗会接受最终可以带来奖励的事情。但是，狗狗可能对实现最终结果之前的过程产生抗拒心理。针对可能会让狗狗感觉自己受到了惩罚的情况，主人可以通过给予狗狗奖励，让狗狗习惯这一过程。也就是说要逐渐改变“过程”和“奖励”出现的顺序。

一边给予狗狗“奖励”，一边创造“过程”

（P102的方法1）

在给予狗狗“奖励”的同时，创造“过程”

（P102的方法2）

在创造“过程”之后，给予狗狗“奖励”

（P102的方法3）

一般是按照1→2→3的步骤，逐步改进情况，但是有时可能会省略步骤2。前文中介绍过的“放松抱持的横抱姿势”（请参考P75~P76）就属于省略了步骤2的方法。

以上方法，可以广泛应用于让狗狗习惯使其感觉受到惩罚的事情，希望您能记住。

让狗狗习惯护理

让狗狗习惯被主人掰开嘴巴

重点！

如果经过一段时间的训练，可以很轻松地让狗狗张开嘴，那么就改变顺序，首先让狗狗张开嘴，然后喂食狗粮。

前面介绍的让狗狗习惯被主人抓住鼻口部是否进展顺利呢？如果进展顺利，可以开始对狗狗实施掰开嘴的训练。训练到狗狗毫不抗拒地让主人掰开自己的嘴时，主人就可以检查狗狗嘴里的情况了。此外，主人还可以训练让狗狗把嘴里衔着的东西吐出来、让狗狗吃药。请您按照以下步骤对狗狗实施习惯训练。

为狗狗准备一颗它最喜欢的狗粮，靠近狗狗的鼻尖，让狗狗嗅闻气味并舔食狗粮。

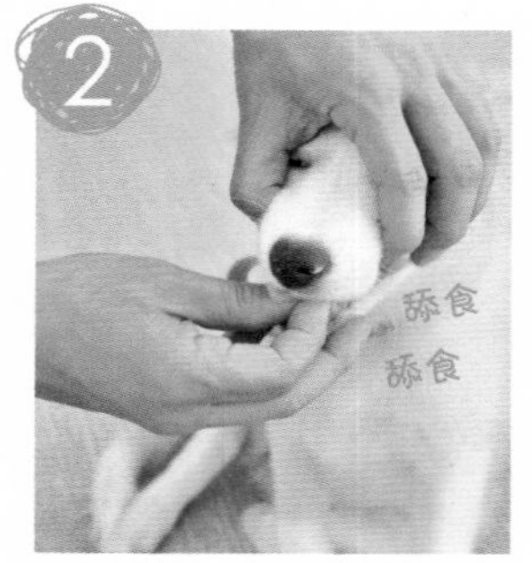

当狗狗专心地嗅闻、舔食狗粮时，将另一只手的拇指放在狗狗嘴巴的一侧，中指和无名指放在另一侧。

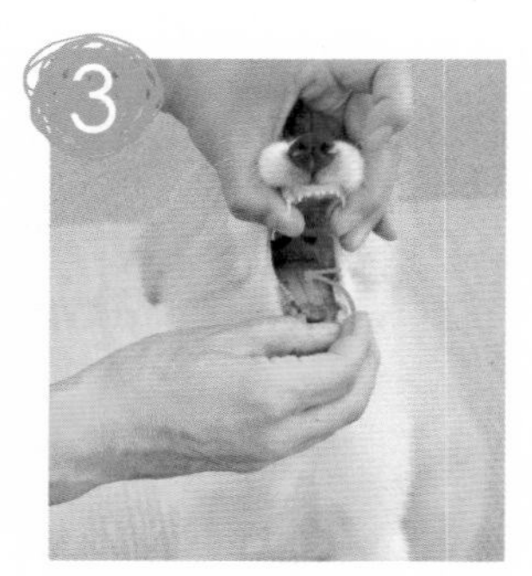

抓住狗狗的嘴巴两侧，手指保持这一状态，用3根手指将狗狗的嘴向上掰开。当狗狗的嘴巴张开之后，马上放入狗粮。

让狗狗习惯照料

让狗狗习惯主人的手指放入自己嘴里

这是为了让狗狗习惯主人为自己刷牙的预备练习。

请您按照以下步骤训练狗狗。

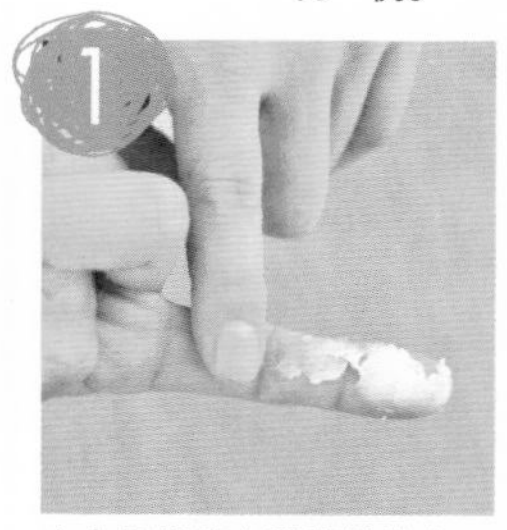

在食指指腹上薄薄地涂上一层奶酪（也可以用泡软的狗粮）。

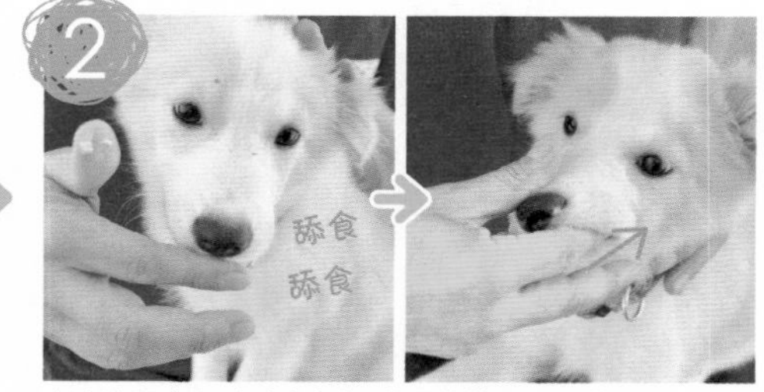

在狗狗舔食奶酪时（右），将手指放入狗狗嘴里，首先触摸狗狗的牙齿。

一边确认狗狗不会厌烦，一边将手指缓缓插入狗狗嘴里，直到触摸到臼齿。

重点！

当插入狗狗嘴里的手指触摸到臼齿时，有的狗狗可能会弓起身子。这时应该轻轻抚摸狗狗头的后部。

让狗狗习惯护理

让狗狗习惯吹风机

吹风机是会发出声音且移动的物品。当吹风机的风吹到狗狗的身体时，会刺激狗狗的皮肤。为了避免狗狗害怕吹风机，应该从小狗时期就训练狗狗慢慢习惯。具体方法请参考P81的“让狗狗习惯物品的方法”。

1 首先，在没有插入电源的吹风机旁边撒上狗粮，让狗狗习惯吹风机这一物品。

2 手持没有插入电源的吹风机，一边移动，一边喂食狗粮。

3 让狗狗习惯打开电源的吹风机（注意不要让热风吹到狗狗）。

4 手持打开电源的吹风机，让热风短暂地吹到狗狗的脚尖或背部等感觉不灵敏的部位，然后立刻喂食狗粮。在确保狗狗不会厌烦的情况下，改变热风吹到的身体部位或吹风的时间和强度等，逐渐让吹风机的热风吹到狗狗的全身各个部位。

行为

教会狗狗坐下

如果狗狗听从“坐下”的指令，这意味着狗狗已经可以抑制住自己的兴奋状态，这将有助于防止狗狗跳扑等意外情况的发生。

和眼神交流一样，在对狗狗实施“坐下”训练时，也应该按照磁铁游戏的模式进行。

1

将紧握狗粮的手靠近狗狗的鼻尖。

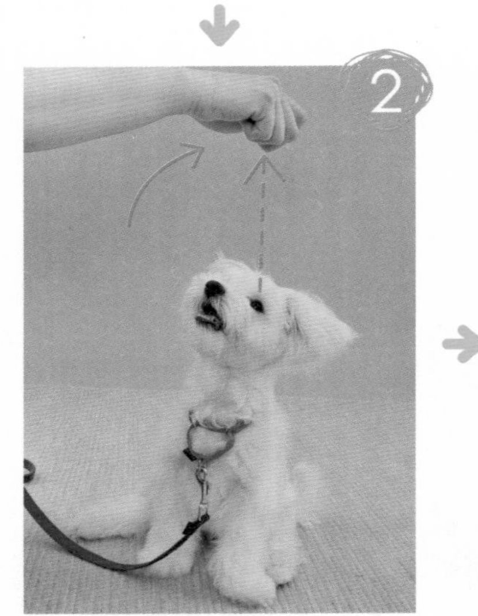

等狗狗的注意力集中到主人的手上后，用这只手引导狗狗，让它的鼻尖朝向天花板。一般来说，狗狗向上看时，屁股就会很自然地挨近地板。

等到狗狗的屁股挨近地板之后，按照“善于称赞狗狗 3段式”（请参考P48）的方法称赞狗狗。

注意!

在训练狗狗“坐下”时，最好到称赞结束为止狗狗的屁股都不会离开地板。因此，主人在称赞狗狗时也应该时刻注意，重点是喂食狗粮时，要让狗狗保持仰头的状态。此外，注意不能过度抚摸狗狗。

注意肢体信号

主人凭借眼神交流的肢体语言（主人将紧握的手移动到自己的下巴下方），也可以让狗狗坐下。但是，眼神交流的目的是“看我”，这与“坐下”的意思不太一样，因此很可能导致狗狗混乱。为了避免这一情况的发生，主人应当有意识地做出不同的动作。

此外，为了与狗狗的肢体语言区别开，本书中将主人的动作表述为“肢体信号”或“手部信号”。

行为

教会狗狗卧倒

主人和狗狗一起和睦相处，不管哪里都可以一起去。为了实现与狗狗共同生活的理想状态，“卧倒”也是必须让狗狗学会的一个姿势。等完成“坐下”训练之后，您就可以开始对狗狗实施“卧倒”训练了。

与眼神交流和“坐下”训练一样，应该用磁铁游戏的模式实施“卧倒”训练。

引导狗狗摆出坐下的姿势，将紧握狗粮的手放到狗狗的正下方（狗狗两条前腿中间）。这时，可以让狗狗从紧握的手的指缝间稍微舔一下狗粮。如果狗狗的注意力集中到紧握的手上，并将鼻尖凑近手，随着手的引导，狗狗会将鼻子挨近地板。

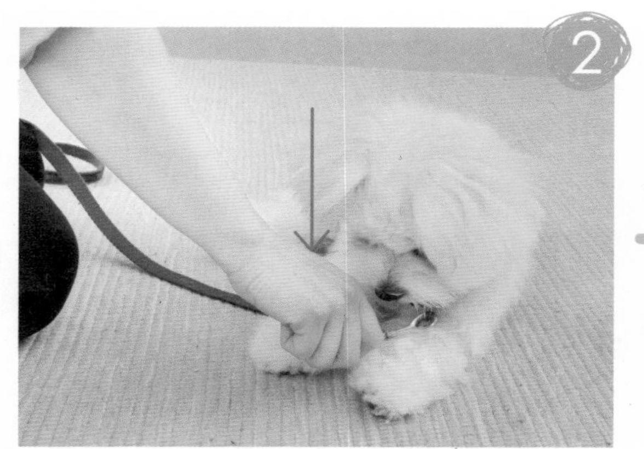

对狗狗来说，❶的姿势非常累，因此过一会儿就要变换姿势，让狗狗在屁股挨紧地板的状态下，将两条前腿也挨紧地面。

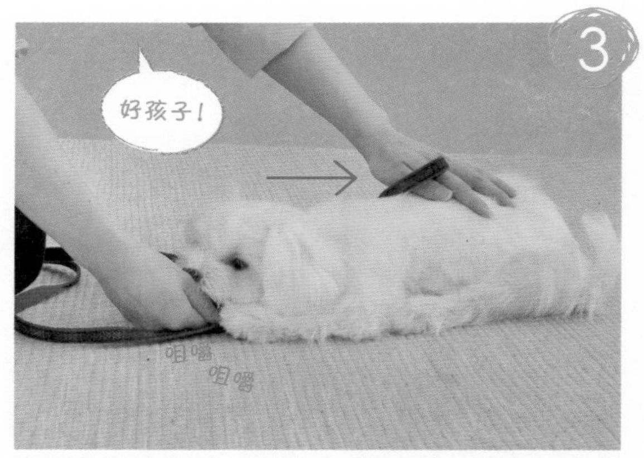

等到狗狗将两条前腿挨近地板之后，按照“善于称赞狗狗 3段式”（请参考P48）的方法称赞狗狗。与此同时，另一只手在狗狗的脖颈后部与背部之间来回移动，抚摸狗狗。

让狗狗从腿下、胳膊下钻过去

如果上述方法没有成功，可以通过让狗狗从腿下钻过去的方法教会狗狗卧倒。

主人坐在地板上，立起一条腿的膝盖，让狗狗在腿的外侧卧倒。用紧握狗粮的手引导狗狗，让狗狗从立起的膝盖下方钻过去。

通过让狗狗从腿下、胳膊下钻过去的方法教会狗狗卧倒，练习一段时间后，即便不从腿下、胳膊下钻过去，狗狗也能做出卧倒的姿势。

慢慢缩小膝盖与地板之间的空间，让狗狗匍匐前进。

现在狗狗就是卧倒的姿势，因此在刚刚开始匍匐前进之后，就可以停止移动紧握的手，并开始按照“善于称赞狗狗 3段式”（请参考P84）称赞狗狗。

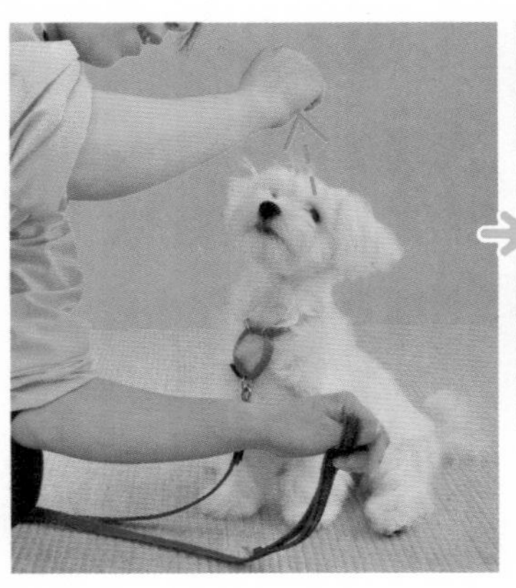

从胳膊下钻过去

和从腿下钻过去的步骤一样，让狗狗从胳膊下方钻过去并卧倒。但是，如果主人的胳膊没有紧贴身体，狗狗可能会从主人腋下钻出去。所以，让狗狗钻过去的胳膊应当紧贴着身体。

注意！

这个训练需要让狗狗始终保持卧倒的姿势，直到称赞的环节结束为止。因此，主人应当注意，不能让狗狗中途抬起屁股，也不能让其腿肘部离开地板。

教会正确的行为
“到这儿来”游戏（让狗狗从远处走到主人身边）

“到这儿来”是提前预防狗狗做出让人头疼的行为及避免狗狗遭遇危险所不可或缺的行为。如果已经顺利实施了“到这儿来”训练（P86），便可以开始实施从远处叫狗狗到身边的练习。这一练习需要两人（A和B）配合完成。

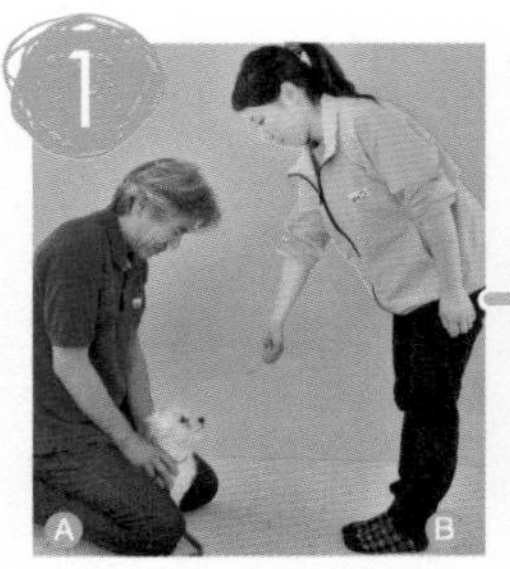

一个人（A）手持狗狗的牵引绳，按照汽车入库姿势（请参考P60），放松地抱着狗狗。另一人（B）保持站立姿势，并确保狗狗的鼻尖能够靠近紧握着狗粮的手。

B叫狗狗的名字，将紧握的手靠近自己的下巴下方，与狗狗进行眼神交流。

等狗狗抬头看到B之后，向狗狗发出“到这儿来”的信号，一边用紧握的手引导狗狗，一边后退几步。

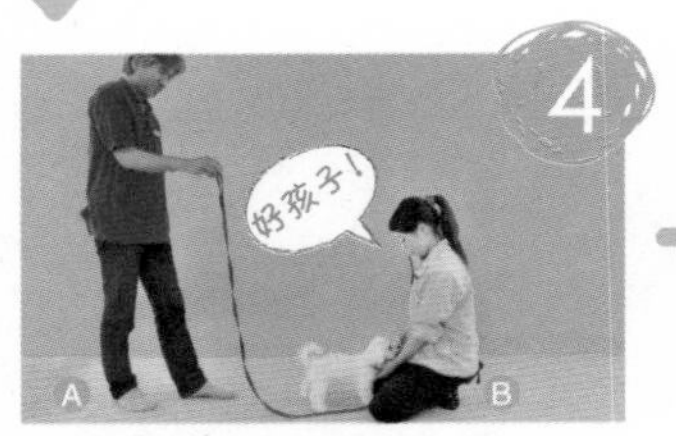

等狗狗走到后退的B身边之后，B双膝着地，将紧握的手紧贴身体。等狗狗将鼻子凑近B的手后，按照“善于称赞狗狗 3段式”称赞狗狗。“抚摸”狗狗的时候，一定要把拇指放进狗狗的项圈。

逐渐拉开A和B的距离，重复上述操作（A、B两人也可以互换角色）。

如果逐渐拉开初始距离后，很难通过引导实现眼神交流。有时候，即使B叫狗狗的名字，将紧握狗粮的手放到下巴下方，狗狗也不会看B。这时，B可以发出能够引起狗狗注意的声音（口哨或咂嘴的声音），从而实现狗狗与主人的眼神交流。

如果通过不断积累经验，逐渐拉开距离，最终A和B两个人就可以分别站到客厅两端，轮流叫狗狗，让狗狗在两人之间来回走动。

NG

如果用于引导的手位置过高，狗狗就会跳扑

后退时，如果紧握的手位置过高，狗狗可能会一边跳扑一边追赶。关键是要保证手下垂的位置与狗狗的鼻子高度齐平。

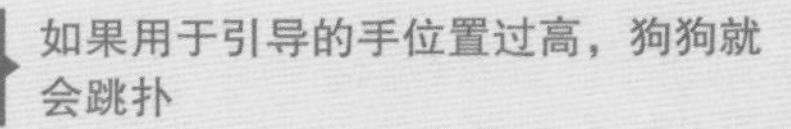

如果紧握的手没有放在身体中心，狗狗很容易受到主人身后的吸引

如果将紧握的手放在身体右侧，一边引导一边后退，狗狗很容易受到主人身后的吸引。因此，必须将手放到身体中心的位置。

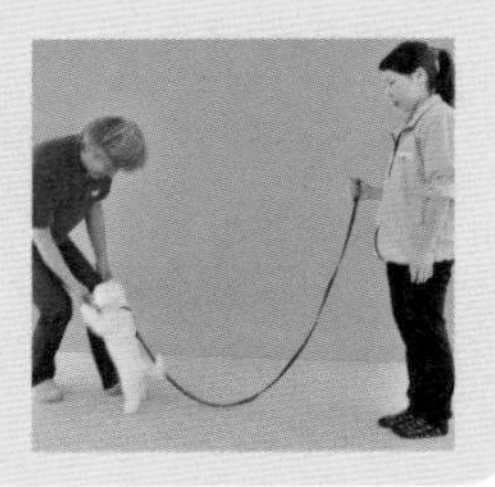

问题预防

应对狗狗的跳扑行为

很多小狗喜欢舔人的嘴。对于这一行为，很多主人会觉得狗狗可爱而乐于接受。从“如果把前腿搭在人身上，立起两条后腿，就会获得奖励”到“把能获得奖励的行为变成习惯”，随着狗狗长大，这种行为就演变成了跳扑。

由于大型犬的力气较大，将人扑倒会很危险。即使是小型犬，在室外扑人也可能会把对方的衣服弄脏。为了避免这种情况的发生，应该从小狗时期就开始采取预防跳扑的措施。

狗狗之所以会形成跳扑的习惯，是因为它觉得“如果把前腿搭在人身上，立起后腿，就会获得奖励”。为了纠正这一行为，主人应当给予漠视。如果狗狗跳扑，主人可以转身不理睬它，也不与它眼神交流。让狗狗意识到这样做不会获得奖励。

此时，理解“坐下”就能获得奖励的狗狗极有可能会乖乖坐下，抓住这个时机，抚摸狗狗，和狗狗玩耍，喂狗狗吃狗粮，以此来奖励狗狗。这样就给了狗狗两个选项，“即使跳扑也不会获得奖励”和“如果坐下就会获得奖励”。让狗狗思考哪个是主人喜欢的行为，慢慢就能纠正狗狗跳扑的习惯了。

预防狗狗跳扑的训练

❶ B（右）放长狗狗的牵引绳，A（左）在此状态下靠近狗狗。

❷ 狗狗想要扑向A时，A转身背向狗狗并走远。重复这一动作，直到狗狗停止跳扑。

❸ 当狗狗不再跳扑时（大多数狗狗会坐下），A喂狗狗吃狗粮。

注意，要让狗狗自己思考“即使跳扑也不会获得奖励”和“如果坐下就会获得奖励”。为此，狗狗主人不能发出“坐下”的指令。因为如果发出“坐下”的指令，狗狗很可能会认为“因为听到指令，所以才坐下”，如果主人不下指令，就会跳扑。

主人不在家时，让狗狗待在便携式狗笼里

即使狗狗已经完全学会了上厕所，狗狗的调皮行为还是不能让人放心。而且，从预防事故的角度出发，主人不在家的时候，最好让狗狗待在便携式狗笼里。

主人离开家的时间，可以参照狗狗忍耐排泄的时间：3月龄的狗狗为4个小时，4月龄的狗狗为5个小时。

如果主人离开家的时间超出以上时间，可以采用“带院子的独门独户”（参考P41）的方法。

夏天注意防止狗狗中暑

盖布的作用是遮挡住来自周围环境的视觉刺激，如主人的动作等。不需要将便携式狗笼全部盖上，尤其是夏天，一定要注意不能让便携式狗笼里充满热气。狗狗待在便携式狗笼里时，不仅可以利用空调调节室内温度，还可以不盖上狗笼的后面或左右任意一面。此外，为了使空气流通，推荐您使用电风扇。

为了让狗狗平静地待在便携式狗笼里，主人可以在便携式狗笼上方盖上布，让狗狗看不到外面。

※在便携式狗笼上面放上保冷剂，也可以有效降低便携式狗笼内的温度。

可以拜托其他人对狗狗实施预防跳扑的训练

预防狗狗跳扑的训练，也可以拜托其他人帮忙实施训练。

拜托其他人实施训练时，可以事先让他抱起狗狗。为了防止狗狗跳扑，可以踩住牵引绳等应对措施。想要不让狗狗学会问题行为，关键是不让狗狗体验到给人带来麻烦的事情。

Q&A 让狗狗习惯坐车的注意事项

如果是2月龄左右的狗狗，有二成的狗狗可能会晕车。经常开车带狗狗外出，很多狗狗会习惯坐车，不再呕吐。但是，有的小狗可能始终都不能习惯，甚至会症状恶化。

让狗狗习惯声音

声音的习惯方法请参考P79。主人可以将汽车的引擎声及行驶声录下来，多让狗狗听一听。

必须让狗狗待在便携式狗笼里

汽车行驶时，主人绝对不能把狗狗放在膝盖上，万一发生事故，狗狗可能会撞到前挡风玻璃上，导致狗狗受伤甚至死亡。因此，一定要把它放进便携式狗笼，并系上安全带。

让狗狗坐在汽车上慢慢习惯

如果您家里有汽车，可以首先让狗狗（待在便携式狗笼里）在没有启动引擎的汽车上训练（请参考P40）。如果狗狗在便携式狗笼里很安静，就可以开始让狗狗习惯引擎启动的状态。等到狗狗习惯了这一状态之后，就可以移动汽车了，并逐渐拉长行驶时间。

狗狗晕车的应对措施

有的狗狗一坐上车就会呕吐，怎么办？在让狗狗习惯汽车的阶段，尽量不让狗狗体验到呕吐。呕吐也属于狗狗的“禁区”（请参考P82），如果狗狗重复体验呕吐，只能起到相反的效果。

在进入第五部分之前，先让我们检查一下第四部分中介绍的训练是否已经完成。（填写方法请参考P72）

☑ 第四部分的完成情况检查表

训练内容			完成	需加油	未完成	记录
社会化	让狗狗习惯室外环境	已经可以抱着遛狗且喂食狗粮，狗狗已经习惯室外环境。	□ /	□ /	□ /	
	让狗狗习惯物品	在抱着遛狗，已经让狗狗习惯了各种各样的物品。	□ /	□ /	□ /	
	让狗狗习惯陌生人	在抱着遛狗时，已经拜托其他人喂食狗粮，以此来让狗狗习惯陌生人。	□ /	□ /	□ /	
		已经完成让狗狗习惯了100种人。	□ /	□ /	□ /	
	让狗狗习惯各种地面	在家里让狗狗习惯了各种各样的地面。	□ /	□ /	□ /	
	让狗狗习惯其他狗狗	在抱着遛狗时，已经让狗狗看着其他狗狗，同时喂食狗粮。	□ /	□ /	□ /	
	让狗狗习惯声音	已经让狗狗习惯了自己家的门铃声。	□ /	□ /	□ /	
让狗狗习惯护理	浴室	已经让狗狗习惯了浴室。	□ /	□ /	□ /	
	高台	已经让狗狗习惯了站在高台上。	□ /	□ /	□ /	
	佩戴项圈	已经让狗狗习惯了主人给它佩戴项圈。	□ /	□ /	□ /	
	掰开狗狗的嘴巴	已经让狗狗习惯了主人掰开它的嘴。	□ /	□ /	□ /	
	把手指放进狗狗嘴里	已经让狗狗习惯了主人把手指放进它嘴里。	□ /	□ /	□ /	
	吹风机	已经让狗狗习惯了吹风机。	□ /	□ /	□ /	
教会狗狗正确的行为	坐下	已经教会狗狗坐下。	□ /	□ /	□ /	
	卧倒	已经教会狗狗卧倒。	□ /	□ /	□ /	
	让狗狗从远处“到这儿来”	已经教会狗狗从远处“到这儿来”。	□ /	□ /	□ /	
问题预防	应对狗狗的跳扑行为	已经采取了应对措施。	□ /	□ /	□ /	

第二次疫苗接种后的第三周～第三次疫苗接种后的两周

此阶段的狗狗相当于人类从幼儿园大班到小学一年级的儿童。这时可以开始让狗狗在室外干净的地方走动了。

第五部分在这里！

本书各个部分		Part2	Part3	Part4	Part5	Part6	Part7	Part8
疫苗	第一次 自第一次疫苗接种起两周后		第二次	自第二次疫苗接种起两周后	第三次 自第三次疫苗接种起两周后			
狗狗的周龄和月龄	7周龄 8周龄 2月龄	9周龄左右	10周龄左右	11～12周龄	3月龄左右	4～5月龄 出生后150天左右	5～7月龄	第二性征期以后

完成3次疫苗接种后就可以出去遛狗了。这时候的狗狗大多是4月龄，有的狗狗会大于5月龄。如果这时才开始让狗狗去室外走动，对于实施社会化训练来说，已经有些晚了。

这一时期应当尽量避免狗狗与仍有感染可能性的狗狗接触，甚至有此类狗狗排泄物的地方也要避开。

自第二次疫苗接种的两周以后，您就可以在确定没有感染病感染风险的地方对狗狗进行社会化训练了。

哪里是感染病感染风险低的地方

对于狗狗来说，最可怕的感染病是犬瘟热和犬细小病毒病。现在，通过疫苗接种可以预防以这两种病为首的很多感染病。这些感染病大多是通过携带病原体的狗狗的排泄物、鼻涕、眼屎等传播的。因此，如果某个地方疑似存在感染风险极高的排泄物、鼻涕、眼屎等，例如电线杆附近、墙边、草丛等处，一定要格外注意。

反之，如果某个地方明显不存在其他狗狗的排泄物、鼻涕、眼屎等，那么这个地方的感染风险很低，您可以放心地把狗狗放下来。

为什么不能让狗狗自由地走动

如果主人让狗狗自由走动，它们肯定最想去有其他狗狗排泄物的地方。在第三次疫苗接种后的两周之内，宠物医生不会允许狗狗自由走动，原因就是考虑到狗狗的这些习性。

基础知识

当主人不在狗狗身边时，要把狗狗放进便携式狗笼

到了这个阶段，狗狗应该已经有一个月没体验到排泄失败了。如果狗狗在客厅自由活动时会主动走到厕所，那么就可以让狗狗在客厅活动更长时间，甚至可以将狗狗厕所的四面栅栏卸掉。

但是，对于狗狗的调皮行为，还是不能掉以轻心。当主人不在狗狗身边时，一定要让狗狗回到便携式狗笼里。

让狗狗连续呆在便携式狗笼里的时长，一般来说，白天是狗狗的月龄加上1小时，夜间是狗狗的月龄加上2小时。

※到了3月龄的狗狗，一天中四分之三的时间都在睡觉。而且，在狗狗需要睡觉的时间，让狗狗待在便携式狗笼是完全没有问题的。

社会化

训练狗狗从狭窄的地方钻过去（室内）

在以后的生活中，有的狗狗可能会在从狭窄的地方或某件物品下方钻过去时感到害怕。为了避免这种情况，主人可以在室内训练狗狗从狭窄的地方钻来钻去，从而让狗狗习惯。

主人还可以在沙发背面制作出一个狭窄通道，或者用纸板箱制作出一个洞穴，以此来训练狗狗。

在一些特殊的地方，主人一个人可能无法完成让狗狗钻过去的训练。这时可以用“到这儿来”的游戏要点（请参考P109），由两个人完成训练。

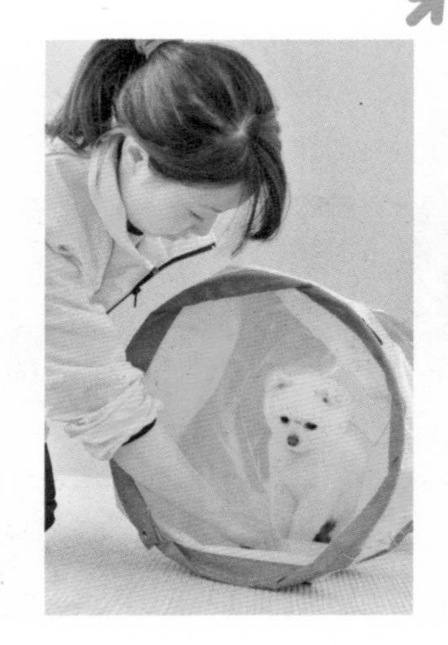

用狗粮引导狗狗，训练狗狗从圆筒状的洞穴里钻过去。

社会化

在让狗狗习惯各种环境时，可以不时地将狗狗放下来（室外）

主人抱着小狗在自家周围遛狗时，在没有其他狗狗排泄的地方，可以尝试着将狗狗放下来。一边喂食狗粮，一边让狗狗在该处站立几分钟，使其习惯这个地方。

等狗狗习惯了自家周围之后，接下来就可以在路口、商业街、车站等刺激更为强烈的地方重复上述操作。等狗狗习惯之后，就可以在这些地方做磁铁游戏了。

在没有其他狗狗的排泄物，且不会有车辆通过的安全的地方（人行道等），把狗狗放下来，喂食狗粮。

社会化 让狗狗习惯在各种地面上行走（室外）

这时候，主人可以在室外的地面上，对狗狗实施习惯训练（请参考P99）。

在下水道井盖、较低的台阶、斜坡上等没有其他狗狗排泄物的地方放下狗狗，让狗狗多在这里走一走。

在室外的训练方法及注意事项与在室内的情况一样。例如，运用“到这儿来”的要点让狗狗通过、在中途喂食狗粮、在狗狗通过之后喂食狗粮、狗狗不想走时在地面上撒上狗粮等。

让狗狗习惯在各种地面上走动，如斜坡、台阶、下水道井盖等。照片中显示的是在中途喂食狗粮的方法。

社会化 让狗狗习惯物品时，可以逐渐增强刺激（室外）

在没有其他狗狗排泄物的地方，主人可以放下狗狗，按照磁铁游戏的要点，引导狗狗靠近各种物品。轻轻敲击物品发出声音，然后喂食狗粮，让狗狗慢慢习惯。

如果狗狗对该物品很感兴趣，并进一步嗅其气味，主人要在狗狗嗅完后马上喂食狗粮。

对于摩托车、自行车、手推车等移动的物品，主人可以参考P80“让狗狗习惯吸尘器”的方法，让狗狗习惯这些物品。

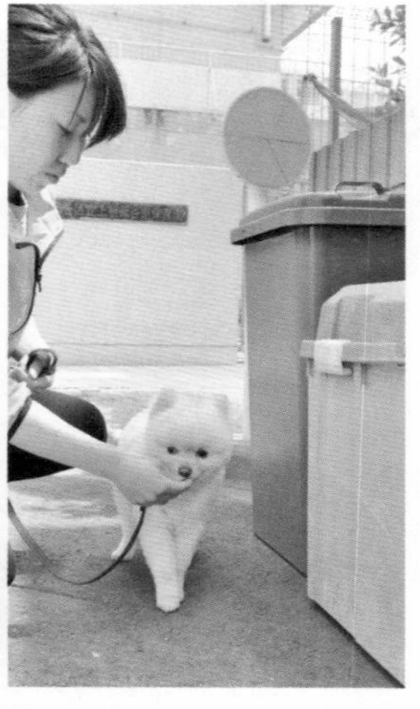

让狗狗靠近垃圾桶或停止的摩托车等物品，让它习惯静止不动的物品。

社会化

接触其他狗狗

即便是还没有完成疫苗接种的小狗，也完全可以接触没有携带感染病病原体的其他狗狗。但是，如果是自由走动的成年犬，很可能会经过存在携带有病原体的狗狗排泄物的地方，如果让小狗与它们接触，就会有被感染的风险。对于这些狗狗，可以暂时只让小狗远远地看着它们，同时喂食狗粮，从而让狗狗习惯它们。

如果主人想让狗狗与其他狗狗接触，最好选择月龄相近、还没有开始自由走动的其他狗狗，这样才能放心。如果您家附近有符合条件的狗狗，可以让它们在自己或对方家的院子里接触。

最好的情况是，让狗狗参加小狗教室或派对（请参考P133）。但是，想要参加小狗教室或派对是有条件的，必须是第二次疫苗接种两周后的狗狗。

在自家院子里，让狗狗与月龄相近的小狗接触。

正确的接触方法

让狗狗与其他狗狗接触、玩耍的目的，是为了让狗狗理解其他狗狗并不可怕，在周围有其他狗狗是理所当然的。也就是说，让狗狗玩耍本身不是目的，只是手段，请您记住这一点。

请参考P109“到这儿来”游戏的方法，让狗狗体验到在玩耍的期间多次来到主人身边。如果狗狗来到主人身边，一定要喂食狗粮。也就是说，要让狗狗学会“如果玩耍时到主人身边，就会获得奖励”。

接下来，狗狗主人可以按照“汽车入库姿势”对狗狗进行放松抱持（请参考P60），等狗狗平静下来后，再让它去玩耍。

也就是说，要教会狗狗“平静下来玩耍”、“即使被主人叫到身边，快乐的玩耍也不会结束（奖励没有结束）”。

通过让狗狗不断加深体验，狗狗就会理解“即使身边有其他狗狗也不会变得兴奋”“即使与其他狗狗玩耍，也能时刻关注主人”。

狗狗之间的接触方法

❶为保证安全，可以在庭院里训练，以免狗狗突然冲到行车道上。首先以汽车入库姿势放松地抱着狗狗。

❷等到两条狗狗都平静下来之后，松开牵引绳，让它们自由玩耍。

❸如果狗狗变得兴奋，主人们要各自叫住狗狗，让它回到自己身边。

※如果喊过一次之后，狗狗没有回到主人身边。主人可以收短牵引绳，让狗狗看到紧握着狗粮的手，慢慢离开另一条狗狗。

❹等狗狗回到主人身边后，喂食狗粮。待狗狗平静之后，重复❷~❹的步骤。

让狗狗习惯主人给自己刷牙

如果已经成功完成P104“让狗狗习惯主人的手指放入自己嘴里”，就可以把指腹上涂的东西换成狗狗专用牙膏（液体或者膏状物）了。

很多牙膏的味道是狗狗喜欢的鸡肉味，但因为习性和喜好不同，有的狗狗可能会不喜欢。在放到狗狗嘴里之前，请您先让狗狗试着舔一下。如果狗狗开始很高兴地舔牙膏，那么将手指放入狗狗的嘴里就没有问题了。如果狗狗不舔牙膏，就需要将牙膏换成狗狗喜欢的味道。

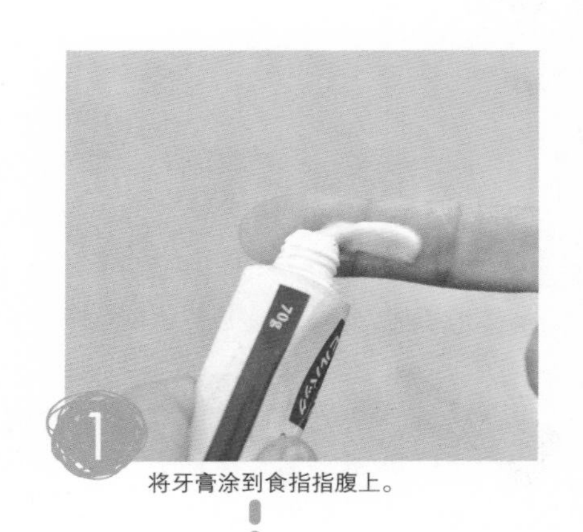

1 将牙膏涂到食指指腹上。

2 先让狗狗尝一下味道。

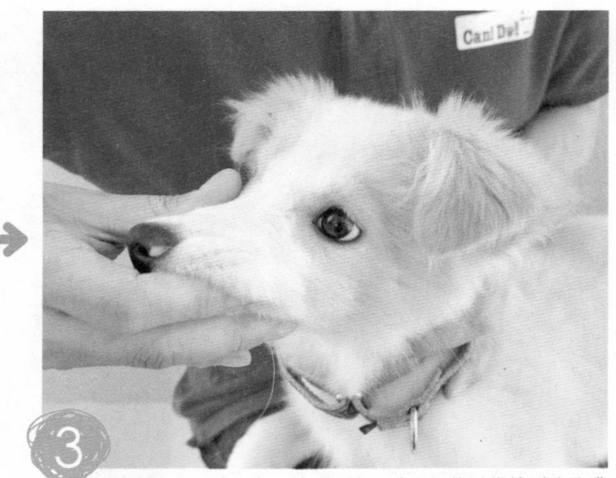

3 如果狗狗开始很高兴地舔牙膏，就可以将手指放到狗狗嘴里了。

为什么需要给狗狗刷牙

因为狗狗的牙齿构造、唾液成分以及食物等方面的不同，一般狗狗不会像人类一样患上蛀牙。

但是，狗狗很容易患上牙周炎。据说，狗狗牙结石的形成速度是人类的5倍。

一般来说，如果形成了牙结石，就必须去除。但是，去除狗狗的牙结石，一般需要对狗狗实施全身麻醉。然而，随着狗狗的年龄增大，全身麻醉的风险也随之提高。预防是最好的治疗，这就是需要给狗狗刷牙的原因。

让狗狗习惯护理

让狗狗习惯主人给自己擦脚

因为要实施狗狗在地上走的社会化训练，所以狗狗的脚一定会变脏。请您参考P85介绍的方法为狗狗擦脚。因为已经实施了“让狗狗习惯毛巾、纸巾、纱布”的训练（请参考P84），狗狗不会再玩闹着抓咬毛巾了。

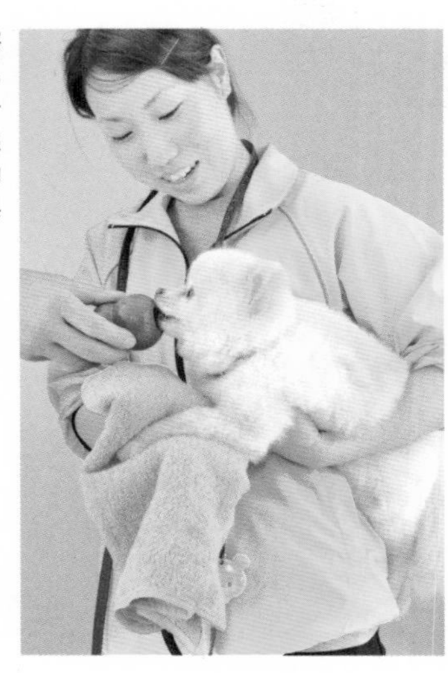

一个人抱着狗狗擦脚，可能会很困难。这时候可以让另一个人将葫芦玩具递给狗狗，趁狗狗的注意力集中于玩具时为其擦脚。

让狗狗习惯护理

让狗狗习惯主人给自己擦拭身体

接下来，主人可以试着给狗狗擦拭身体。主人可以将葫芦玩具（里面塞入泡软的狗粮或奶酪）夹在两膝之间，或者夹在狗狗厕所的隔栅里固定好，趁狗狗的注意力集中到葫芦玩具上时，将毛巾搭在狗狗背上，等狗狗习惯之后，开始移动毛巾。

之后，逐渐将移动毛巾的范围扩大到狗狗头部和身体两侧，最终让狗狗习惯主人用毛巾接触自己的全身。

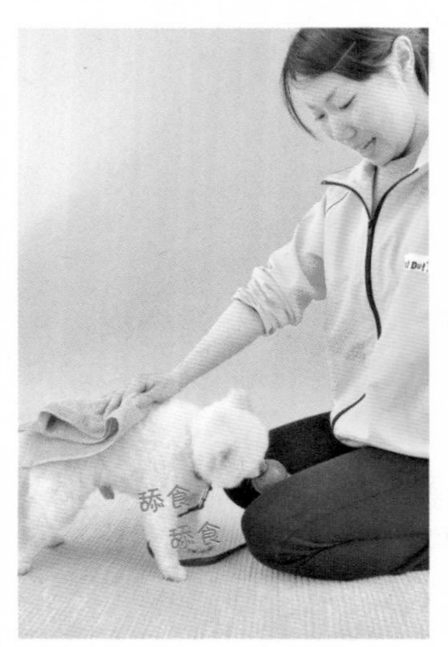

将葫芦玩具夹在两膝之间，趁狗狗的注意力集中到玩具上时，将毛巾搭在狗狗背上，等狗狗习惯之后，试着前后移动毛巾。

如果是大型犬，可以将葫芦玩具夹在狗厕所的隔栅间隙里，趁狗狗舔食的时候为其擦拭脚和身体。

如果是小型犬，可以很容易地抱着狗狗擦脚。如果已经实施了抱起、接触脚尖、让狗狗习惯毛巾的训练，应该就不会有什么问题了。

专栏

让狗狗习惯穿T恤衫

如果可以让狗狗习惯穿T恤衫，当狗狗生病或受伤后为它系上绷带的时候，狗狗就不会感到厌烦。习惯训练的步骤如下所示：

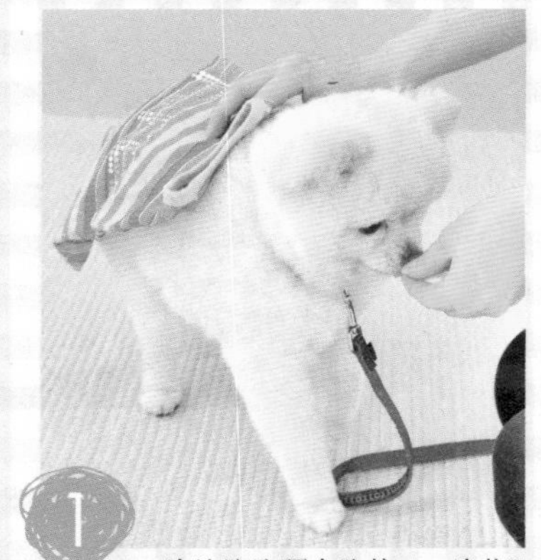

1 一边让狗狗舔食狗粮，一边将T恤衫放在狗狗背上，让狗狗习惯T恤衫。

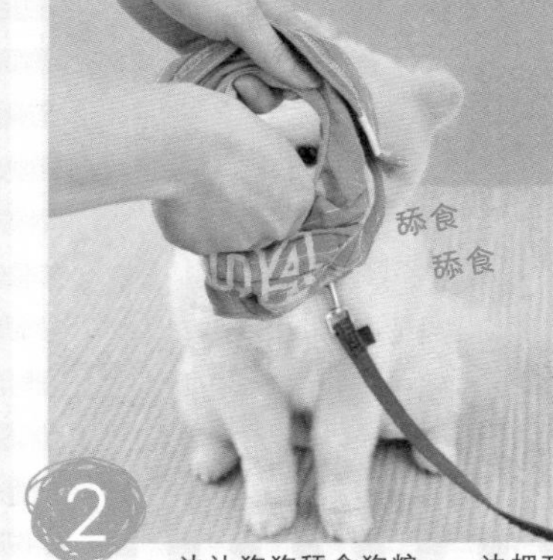

2 一边让狗狗舔食狗粮，一边把T恤衫的领口套过狗狗头部，然后喂食狗粮。

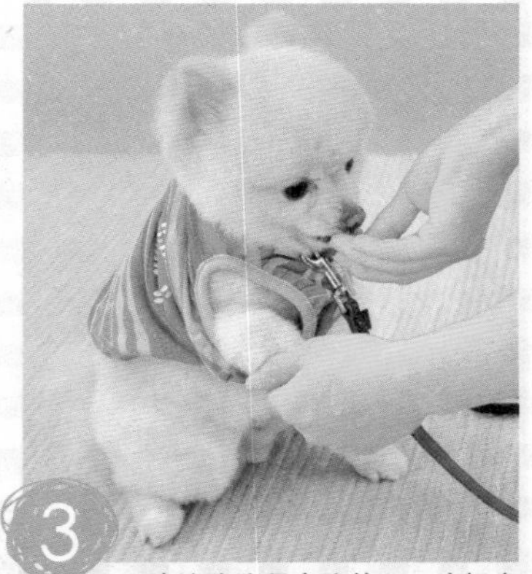

3 一边让狗狗舔食狗粮，一边把牵引绳拉到T恤衫的外面，让狗狗将一条腿穿过袖口，然后喂食狗粮。

4 一边让狗狗舔食狗粮，一边把牵引绳拉到T恤衫的外面，让狗狗将另一条腿穿过另一边的袖口，然后喂食狗粮。

社会化

让狗狗习惯主人护理自己的耳朵

对于长卷毛狗或瑞典长耳猎狗等耳朵下垂的狗狗而言，护理耳朵是必须的。即使是耳朵竖起的狗狗，也有可能患上外耳炎等疾病，所以对耳朵的护理不容忽视。

但是，如果主人用强迫的手段护理狗狗的耳朵，狗狗就会拒绝主人再触摸自己的耳朵，甚至拒绝主人再触摸自己的身体。因此，应该从小狗时期就开始对狗狗实施正确的习惯训练。

如果护理时在狗狗耳朵里滴水，狗狗可能会受惊吓，以后就会拒绝主人护理自己的耳朵。为了避免这种情况，需要把水装入适当的容器里（吸管式滴眼液容器），并提前加热到与人体相近的温度。

2 手拿滴眼液容器给狗狗看，然后喂食狗粮，让狗狗习惯滴眼液容器这一物品。

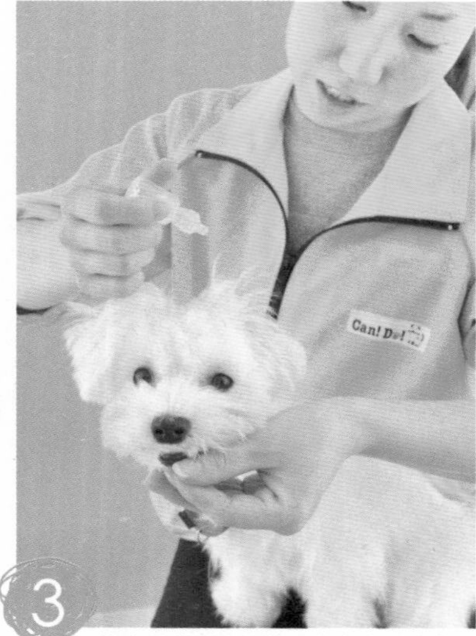

3 将容器拿到狗狗的耳朵旁边，喂食狗粮，然后将水滴到狗狗的耳朵周围，再次喂食狗粮。

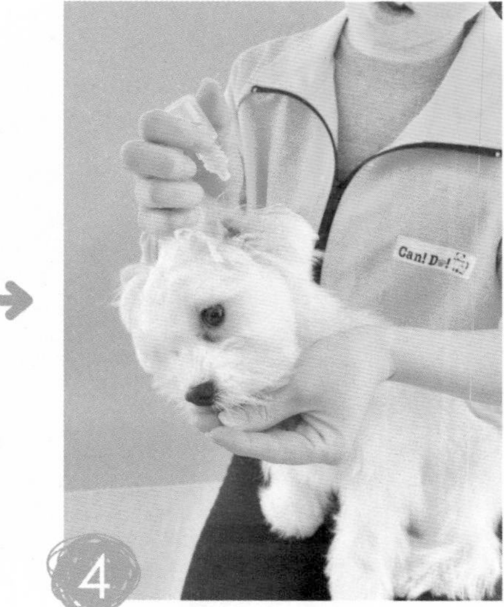

4 如果已经成功完成了步骤❸，接下来就可以水滴到狗狗的耳朵里了，然后喂食狗粮。等狗狗习惯之后，逐渐将水的温度调节到接近常温（降低温度）。

狗狗的耳朵具有独特的构造，可以通过甩头排出耳朵里的水

有的主人可能会担心，如果在狗狗的耳朵里滴入水或液体会不会有问题。

其实您完全不用担心，狗狗的耳朵具有独特的构造，可以通过甩头的动作，将进入耳朵里的水甩出耳朵。

如果狗狗感觉到耳朵里不舒服，它们会很自然地用力甩头，因此完全不用担心。

绝对不能为了清洁狗狗的耳朵，而将棉棒深入狗狗的耳朵深处

狗狗耳朵的清洗步骤如下所示：

1.将清洗液滴入狗狗耳朵里；

2.充分揉搓狗狗耳朵下方的耳根部，让清洗液流过狗狗的耳朵内部；

3.按压狗狗耳朵下方的耳根部，用棉球等将与污物一起浮起来的清洗液擦掉；

4.用棉球将狗狗耳朵内部看得到的部位擦拭干净。

主人并不是专业人员，如果将棉棒深深地插入狗狗的耳朵里清洁，很可能会伤到狗狗的耳朵内部，造成狗狗患上外耳炎。甚至可能会把污物挤入狗狗耳朵深处，造成严重后果。

如果只是普通的耳朵清洗和疾病预防，您可以采取使用清洗液的方法，绝对不要使用棉棒。

让狗狗习惯主人为自己滴眼药水

为了避免狗狗将来患上眼病，主人平时要给狗狗滴眼药水。如果狗狗患上眼病后再用强迫的手段给狗狗滴眼药水，狗狗一定会厌烦，甚至会拒绝主人再接触自己的身体。

与给狗狗护理耳朵一样，需要从小狗时期就对狗狗进行正确的习惯训练。

1 如果在狗狗眼睛里滴入很凉的药水，狗狗可能会受惊吓，以后就会拒绝主人再对自己的眼睛进行护理。为了避免这种情况，需要把装有人工泪液的容器加热到与人体相近的温度。

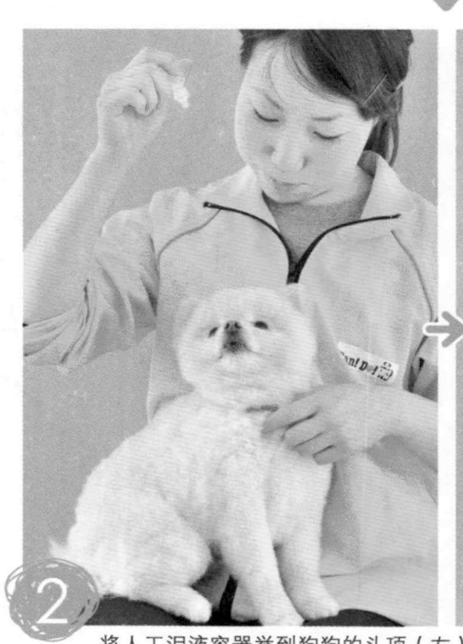

2 将人工泪液容器举到狗狗的头顶（左），然后喂食狗粮（右）。这时候，狗狗主人应当避免与狗狗面对面，坐狗狗的后侧可以更顺利地让狗狗习惯人工泪液容器这一物品。

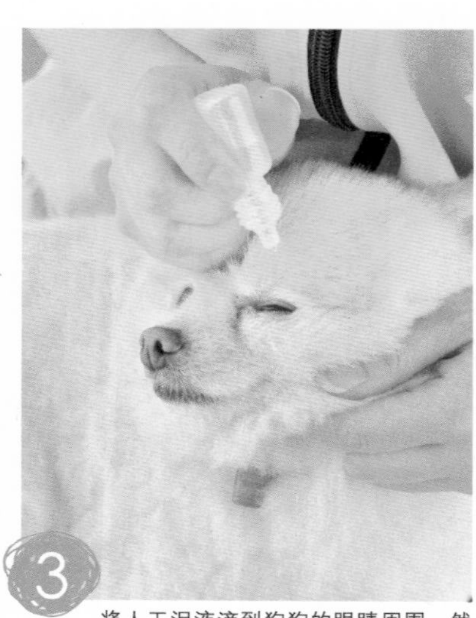

3 将人工泪液滴到狗狗的眼睛周围，然后喂食狗粮。逐渐将滴药液的口接近眼球。

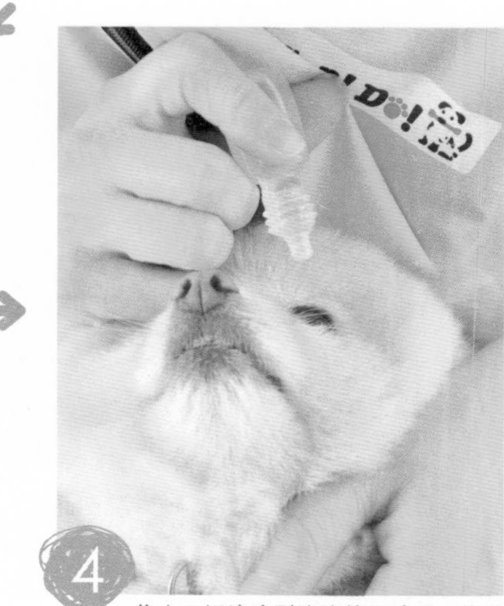

4 将人工泪液滴到狗狗的眼睛里，然后喂食狗粮。等狗狗习惯之后，逐渐将人工泪液的温度调节到接近常温（降低温度）。

让狗狗习惯护理

让狗狗练习吃药片

按照“让狗狗习惯被主人掰开嘴巴”的方法（请参考P104）训练狗狗之后，主人可以试着将狗粮放入狗狗的舌根部，让狗狗逐渐习惯。练习的方法是：将狗粮放到舌尖、将狗粮放到舌头中间部位、将狗粮放到舌根部位，如此反复练习。

如果狗狗已经习惯了狗粮放到舌根部位，在喂狗狗吃药片时，只要将药片塞到狗狗的舌根部位就可以完成吃药了。和人类一样，狗狗的舌根部位没有味蕾，因此狗狗并不会感觉到药片的特殊味道，而只会认为主人像平常一样喂自己吃狗粮。

动物医院开的药一般多是粉剂，但是如果狗狗没有食欲，即使将粉剂混在狗粮里它也不会吃。

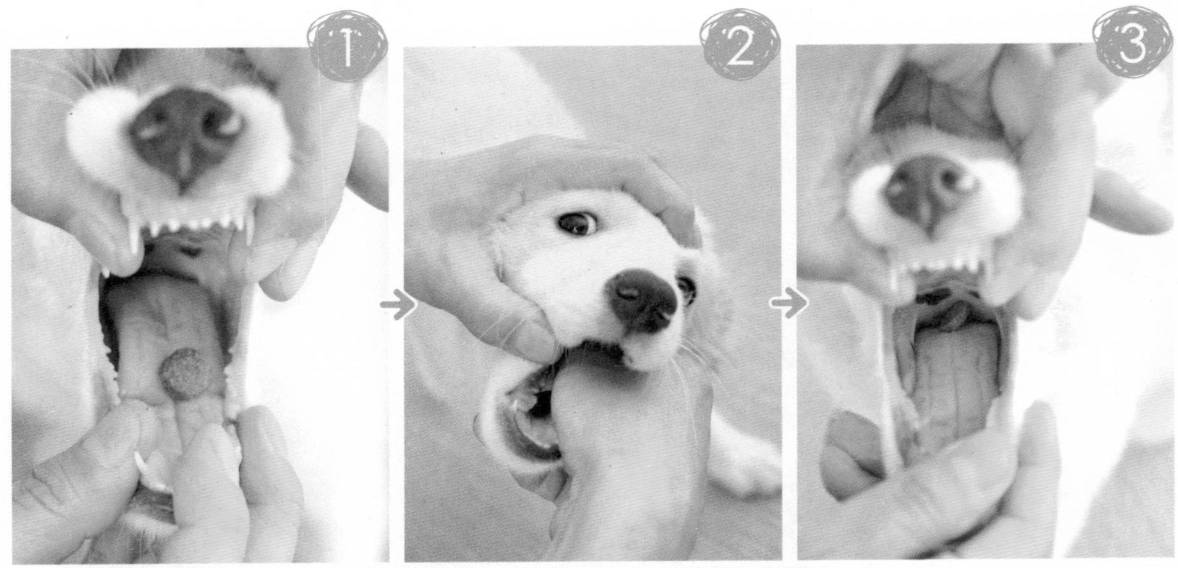

可以变换放置狗粮的位置，比如舌头中间部位或舌根部位等，最终让狗狗习惯塞入喉咙深处的狗粮。

让狗狗习惯护理

让狗狗习惯淋浴

如果已经成功地完成了“让狗狗习惯浴室”（请参考P101），接下来就可以让狗狗习惯淋浴了。

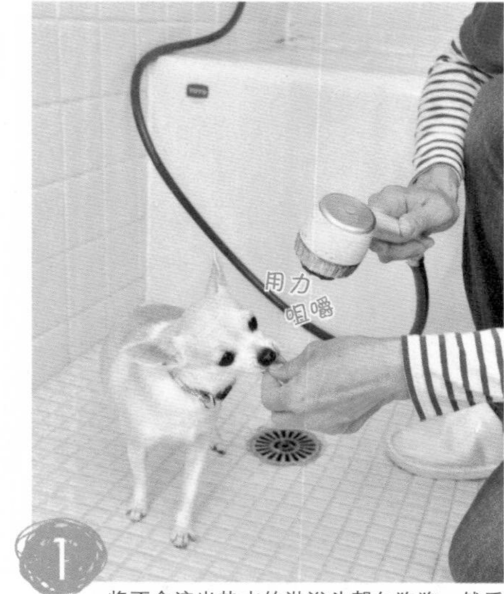

将不会流出热水的淋浴头朝向狗狗，然后喂食狗粮，让狗狗习惯淋浴头。

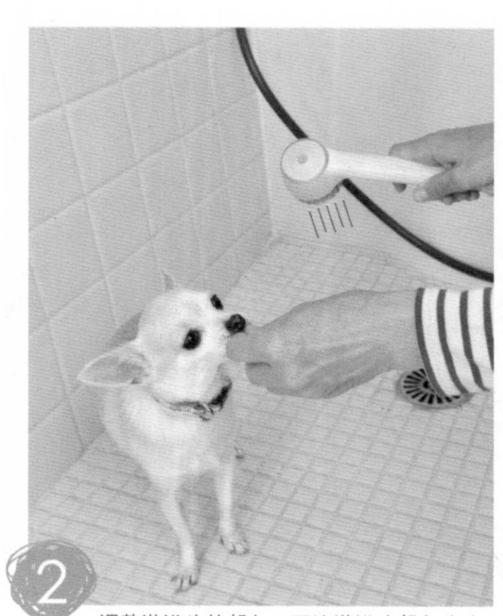

调整淋浴头的朝向，不让淋浴头朝向狗狗，让热水流出来，然后喂食狗粮。一边观察狗狗的情况，一边增大出水量。

先将热水喷向狗狗的脚尖等感觉不灵敏的部位，然后喂食狗粮。一边确认狗狗不会厌烦，一边增加热水接触的身体部位，拉长热水接触的时间，增强刺激的程度。

基础知识

磁铁行走（室内）

将狗狗放到主人的左侧，通过磁铁游戏引导狗狗，训练狗狗与主人并排行走。

按照磁铁游戏（P66）的要点，将狗狗引导到主人的左腿一侧。

一边将紧握的手保持在与狗狗鼻子齐平的位置，一边向前行走。

在行走途中，不时地举高狗粮。

在喂食狗粮时，注意不能停下脚步。

教会正确的行为

教会狗狗信号（坐下）

如果已经切实地完成了“教会狗狗坐下”（P106），接下来可以在紧握的手靠近狗狗的鼻尖之前，向狗狗发出“坐下”的预告信号。

这样，狗狗最终会对“坐下”这一信号做出反应，将屁股挨近地板。

教会正确的行为

教会狗狗信号（卧倒）

如果已经切实地完成了“教会狗狗卧倒”（P107），接下来可以在紧握的手靠近狗狗的鼻尖之前，向狗狗发出“卧倒”的预告信号。

这样，狗狗最终会对“卧倒”这一信号做出反应，将屁股挨近地板，同时将两膝挨近地面。

教会正确的行为

教会狗狗弯腿卧倒

如果已经可以很轻松地引导狗狗卧倒，主人就可以试着教狗狗弯腿卧倒了。弯腿卧倒是一种放松的姿势。而且，在这一训练的基础上，主人还可以进一步教会狗狗将肚皮露出来的打滚儿。

如果狗狗不管在什么地方都能打滚儿，就证明狗狗很信赖主人，并且社会化训练很成功，而且也有助于构建主人与狗狗之间的良好关系。

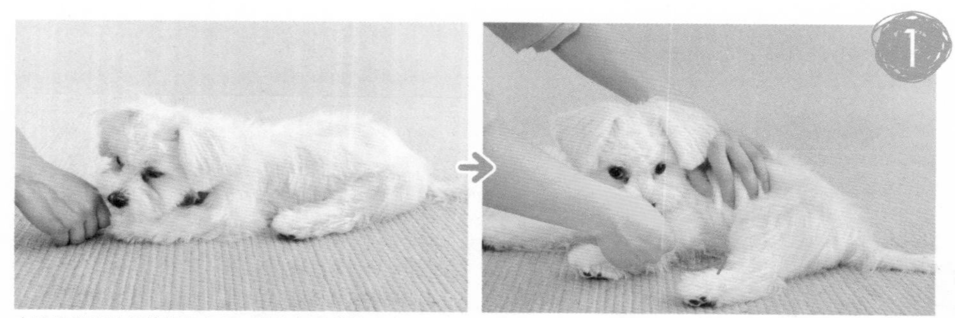

在狗狗做出卧倒的姿势之后，将紧握狗粮的手沿着地板向狗狗的肚脐方向移动。

如果狗狗让主人的手接触自己的身体，可以抓住时机，将狗狗的卧姿调整为弯腿卧倒的姿势。

抚摸狗狗的下腹部，狗狗会变得很开心，这时候大多数狗狗都会将肚皮露出来。

教会正确的行为

通过陪狗狗玩拉扯游戏，提高狗狗主动坐下的频率

请参考P70“正确的拉扯游戏”的步骤④，将“等狗狗不再做出猛扑的动作且平静下来……”中的“平静下来”变成“坐下”，对狗狗进行训练。此外，在同一页步骤②中“对狗狗说‘开始’”之前，要等狗狗主动坐下。

如果在第四部分结束之前已经成功地让狗狗理解了“如果坐下就会获得奖励”，在这里狗狗会主动坐下。通过反复让狗狗体验“如果坐下就会开始游戏”，狗狗在日常生活中“坐下并仰视主人”的频率就会大大增加。

手拿玩具让狗狗看，等待狗狗主动坐下。

陪狗狗玩拉扯游戏（请参考P70）。

等狗狗变得兴奋之后，喂食狗粮，与狗狗玩具交换。

等狗狗再次主动坐下之后，重新开始拉扯游戏。最终要在狗狗处于坐下的状态时停止拉扯游戏。

问题预防

教狗狗学会玩智育玩具

利用智育玩具，可以大大拓展狗狗单独游戏（自己玩游戏）的种类。

智育玩具包括两种：一种是主人与狗狗一起玩的玩具，另一种是狗狗可以自己玩的玩具。

狗狗自己可以玩的玩具，包括漏食球和漏食瓶等。可以在这些玩具中填入狗粮，在狗狗玩耍玩具时，狗粮会从里面掉出来。

根据狗粮的大小不同，可以采取缩小狗粮出口等措施，让狗狗可以专心致志地玩上半小时也不厌烦。

※智育玩具要在主人与狗狗在同一个空间（如客厅等）时才能给狗狗，当主人不在家时不能把智育玩具给狗狗。

漏食瓶：在小瓶子中有一段绳子，瓶子中放入狗粮。狗狗可以把绳子从小瓶子里拽进拽出，直到狗粮从小瓶子里掉出来。

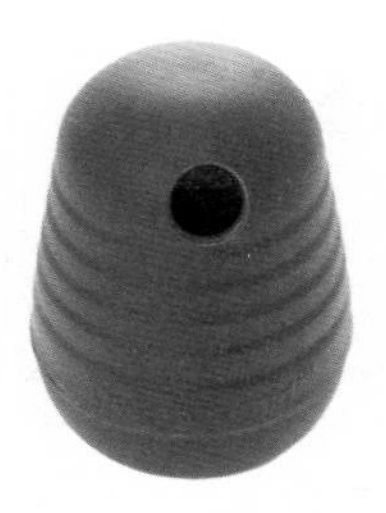

漏食球：上面只有一个小孔，在其中塞入狗粮。狗狗可以将其按压、翻转着玩游戏，直到狗粮掉出来。

正在玩漏食球的狗狗。这个玩具就像不倒翁一样，在狗狗反复拨动漏食球时（右），狗粮就会从小孔里滚到外面。

教会正确的行为

预防狗狗捡食的训练

在得到宠物医生的“可以遛狗了”的许可之前，可以实施预防狗狗捡食的训练。训练的步骤如下所示：

1 给狗狗佩戴上牵引绳，右手拿着牵引绳的一端。注意，左手拿着牵引绳的位置比较重要，在狗狗移动的情况下，将牵引绳从肚脐拽高到胸口附近时，以狗狗的鼻尖不会碰到地面为宜。

2 准备两颗狗粮，握着牵引绳的手处于从“肚脐”拽高到“胸口”附近的状态（P138“肚脐停止B”的姿势）。将其中一颗狗粮扔到狗狗的脚边，注意不能让狗狗捡食狗粮。

3 狗狗想要捡食狗粮却无法捡到时，大多数狗狗会仰视主人，等待主人给它奖励。如果狗狗没有仰视主人，主人可以通过吹口哨、咂嘴等引起狗狗的注意，从而让狗狗仰视主人。

4 等到狗狗仰视主人，与主人目光交会之后，喂狗狗吃第二颗狗粮。

重点！

这一训练与P110介绍的“预防狗狗跳扑的训练”的原理一样。一方面，想要捡食也捡不到（不会获得奖励）。另一方面，如果仰视主人就会得到狗粮（获得奖励）。通过这样的训练让狗狗学会做出讨人喜欢的行为。

问题预防

针对狗狗的警戒吠叫、追着人吠叫采取的措施

前面提到过“如果住在公寓里，狗狗可能会对经过走廊的人吠叫”，这是狗狗的警戒吠叫、追着人吠叫的典型事例，大约从狗狗的社会化期结束开始变得很明显。

狗狗的警戒吠叫、追着人吠叫源于“吠叫之后，不会获得惩罚”的学习模式。最好的预防措施就是对狗狗实施充分的社会化训练。

如前文中提到的，要让狗狗理解“走廊上的脚步声没什么大不了，不需要防范”，使其习惯脚步声。如果狗狗理解了这一点，狗狗就不会做出以消除脚步声为目的的“吠叫”行为。

尽管如此，想要事先让狗狗习惯所有刺激是不可能的。即使主人已经对狗狗进行了充分的社会化训练，狗狗也可能会因为某个事物而开始警戒吠叫、追着人吠叫，此时主人要做的是让狗狗习惯“这个事物”。

首先是要避免发生可能导致狗狗吠叫的情况。以走廊的脚步声为例，主人可以不让狗狗待在挨着走廊的房间或玄关附近。另外，还要逐渐让狗狗习惯吠叫的对象（请参考P79）。刚开始时，主人可以录下脚步声给狗狗听，音量以不会让狗狗吠叫为准。通过这个方法，慢慢让狗狗习惯脚步声（也可以参考P82的“禁区和边界线”）。

狗狗好像会吃大便，应该怎么办?

3~4月龄的狗狗经常被养在狗狗厕所里，如果主人经常不在家，狗狗多半会开始吃粪便。但是，随着狗狗长大，大多数狗狗都会自然地改正这个习惯。当然，也有成年后还保留着吃粪便习惯的狗狗。

所以，与其等狗狗自己改正，倒不如采取应对措施，直接消除习惯化的风险。

狗狗是通过体验来学习的，因此主人要防止狗狗有机会吃到粪便，如前所述，“把便携式狗笼当作床，把狗狗厕所当作厕所”，为狗狗创造良好的饲养环境，在狗狗排便之后马上清理。如果不让狗狗体验到吃粪便，狗狗就不会养成这个习惯，长大后也就不会出现吃粪便的问题。

如果让狗狗自己在家里的时间，超过了狗狗可以忍耐着不排泄的时间，可以采用“带院子的独门独院”（请参考P41）的方法。而且，只要在此期间能切实管理好狗狗上厕所（将便携式狗笼与狗狗厕所区别使用），就可以减少狗狗体验到吃粪便的次数。这样，狗狗吃粪便的几率就会降低，随着狗狗成长，改正这一习惯的几率则会大大提高。

另外，还可以通过更换狗粮来改掉狗狗的这一习惯。

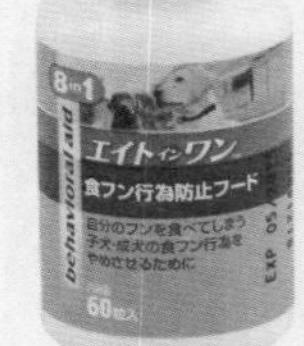

防止狗狗吃粪便的营养补充食品。

专栏

让狗狗参加小狗课堂

自狗狗第二次疫苗接种的两周后，很多驯养教室都会欢迎狗狗去参加小狗课堂。

小狗课堂的课程一般会持续4~5次。通过每次课程的积累，可以从实践的角度教会主人很多驯养知识，如预防轻咬、胡乱吠叫、跳扑等问题行为，同时还将有助于构建狗狗与主人之间的良好关系。也就是说，可以让狗狗与其他狗狗一起体验和学习本书中所介绍的内容，这也是最好的社会化训练。此外，本书所讲的终究只是各种狗狗的共通性知识，然而实际上每条狗狗都存在差异，因此，即使您按照书中所述内容对狗狗实施训练，也有可能进行得不顺利。

驯养教室可以根据每条狗狗的具体情况，为您提供建议。如果某种方法不适合您的狗狗，驯养教室可以建议您使用其他方法。

有的宠物医生可能会给您建议，必须到了可以让狗狗进行“一般性散步”的时期（第三次疫苗接种的两周后），才能让狗狗去驯养教室。但是，如果是值得信赖的驯养教室，参加小狗课堂的狗狗都没有携带感染病病原体，是风险极低的地方。现在很多宠物医生都意识到了狗狗社会化的重要性，也都开始在自己的宠物医生院里开设小狗课堂。为了充分利用短暂的狗狗社会化期进行训练，我们推荐您带着狗狗参加小狗课堂。

如果能让狗狗参加小狗派对，那就更好了

小狗派对的参加成员一般是固定的。如果您想更好地实施狗狗的社会化训练，一定要让狗狗参加小狗派对。

反之，有的主人可能认为只让狗狗参加小狗派对就够了，但是小狗派对是以单一途径实施的，内容很有限，所以在对狗狗驯养方面是远远不够的。

最好的情况是，通过小狗课堂，实施对狗狗的社会化训练，并对狗狗进行驯养。其次，通过小狗派对，提高狗狗对其他狗狗及其他人的社会化程度。

小狗课堂的场情。

小狗派对的场情。

※关于如何辨别驯养教室的好坏，请参考P151。

在进入第六部分之前，先让我们检查一下第五部分中介绍的训练是否已经完成。(填写方法请参考P72)

第五部分的完成情况检查表

训练内容			完成	需加油	未完成	记录
社会化	让狗狗从物品下钻过去(室内)	狗狗已经习惯从狭窄的地方或洞穴里钻过去。	□ /	□ /	□ /	
	让狗狗习惯各种地方(室外)	在抱着狗狗遛狗时，不时地将狗狗放到地面上，喂食狗粮，并进行磁铁游戏，以此对狗狗进行习惯训练。	□ /	□ /	□ /	
	让狗狗习惯各种地面(室外)	在抱着狗狗遛狗时，不时地将狗狗放到地面上，狗狗已经习惯在井盖或台阶上走动。	□ /	□ /	□ /	
	通过让狗狗习惯各种物品，增强刺激(室外)	在抱着狗狗遛狗时，不时地将狗狗放到地面上，狗狗已经习惯各种物品。	□ /	□ /	□ /	
	让狗狗习惯其他狗狗	让狗狗接触了明显没有携带感染症病原体，且月龄相近的其他狗狗。	□ /	□ /	□ /	
让狗狗习惯护理	刷牙	狗狗已经习惯主人将涂有牙膏的手指放入狗狗口中。	□ /	□ /	□ /	
	擦拭脚和身体	已经可以利用葫芦玩具实现为狗狗擦拭脚和身体。	□ /	□ /	□ /	
	T恤衫	狗狗已经习惯了主人为自己穿T恤衫。	□ /	□ /	□ /	
	护理耳朵、滴眼药水	狗狗已经习惯了主人为自己护理耳朵、滴眼药水。	□ /	□ /	□ /	
	掰开嘴巴	狗狗已经习惯了主人掰开自己的嘴巴，并将狗粮塞入喉咙深处。	□ /	□ /	□ /	
	淋浴	狗狗已经习惯了淋浴。	□ /	□ /	□ /	
教会狗狗正确的行为	磁铁行走(室内)	已经完成用紧握狗粮的手引导狗狗，让其走在主人左侧的练习。	□ /	□ /	□ /	
	坐下、卧倒的信号	已经通过向狗狗发出信号，完成了让狗狗坐下、卧倒的训练。	□ /	□ /	□ /	
	拉扯游戏	已经成功地让狗狗理解了"如果主动坐下就开始游戏"的游戏方式。	□ /	□ /	□ /	
问题预防	弯腿卧倒	已经成功地用紧握狗粮的手引导狗狗弯腿卧倒。	□ /	□ /	□ /	
	预防狗狗捡食	即使狗粮掉在地板上，狗狗也会立刻抬头看主人。	□ /	□ /	□ /	
	预防警戒吠叫、追着人吠叫	已经成功地避免了让狗狗吠叫的情况，并让狗狗习惯了吠叫的对象(声音等)。	□ /	□ /	□ /	

Part6

第三次疫苗接种后的第三周～出生后150天左右

此阶段的狗狗相当于人类8~10岁的儿童。
这时可以开始让狗狗进行“一般性散步”了。

第六部分在这里！

本书各个部分		Part2	Part3	Part4	Part5	Part6	Part7	Part8
疫苗	第一次 自第一次疫苗接种起两周后		第二次	自第二次疫苗接种起两周后	第三次 自第三次疫苗接种起两周后			
狗狗的周龄和月龄	7周龄 8周龄 2月龄	9周龄左右	10周龄左右	11~12周龄	3月龄左右	4~5月龄 出生后150天左右	5~7月龄	第二性征期以后

在第三次疫苗接种（也有可能是第二次疫苗接种）之后，宠物医生一般就会允许狗狗主人遛狗了。很快，狗狗的警戒心就会超过之前的好奇心，而且也会迎来社会化期的最后阶段。

此时，狗狗的社会化期已经所剩不多，主人应该努力帮助狗狗完成社会化训练。

教会正确的行为

狗狗能够忍耐着不排泄的时间

如果已经完成了狗狗的排泄训练，可以将狗狗厕所四面的栅栏去掉，只留下托盘。此时主人需要做的就是管理狗狗的调皮行为，充分利用便携式狗笼，避免狗狗体验到调皮行为。

让狗狗待在便携式狗笼里的时间可以以狗狗一天的睡眠时间来计算。如果是4月龄的狗狗，其待在便携式狗笼里的时间，最多是一天睡眠时间的三分之二。

※注意，让狗狗连续待在便携式狗笼里的时间，白天最多为5个小时，晚上最多为6~7个小时。

社会化

此时期的遛狗方式

这一时期遛狗的目的是为了促进狗狗的社会化。也就是说，将“让狗狗习惯在各种地面上行走（室外）”“让狗狗习惯物品时，可以逐渐增强刺激（室外）”（请参考P116）的内容进一步深化。

此时主人可以自由地遛狗，让狗狗走动的地方也没有限制。主人可以用狗粮引导狗狗，让狗狗在草坪、石子路等各种路面上走动，并习惯更多的物品。

用狗粮引导狗狗，让狗狗在草坪、石子路等路面上走动

逐渐延长遛狗的距离

虽说狗狗已经可以自己走动了，但是忽然离家很远，狗狗走到半路就会累，不愿意再走，只能由主人抱着回家。所以，主人只在家附近遛狗比较稳妥。

如果一下子让狗狗走很远的路，狗狗脚下的肉垫（肉球）可能会磨破。主人要随时确认狗狗的肉垫是否出现异常，是否表现出很累的样子，同时一点点延长狗狗走路的距离。

基础知识

牵引绳的握法

遛狗时要注意发生危险，例如狗狗的捡食行为、狗狗突然冲出去而引发事故等。为了避免狗狗遭遇这些危险，主人需要掌握牵引绳的握法。

在牵引绳上打上安全结

掌握正确的牵引绳握法，可以防止狗狗的捡食行为和狗狗突然冲出去而引发事故。此外，还可以让狗狗在安全的地方放松行走，有助于进一步提高狗狗的自由度。

安全结的打结方法

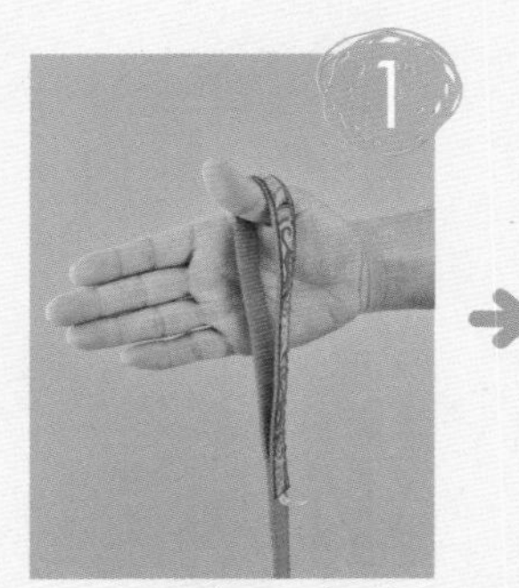

将右手拇指放入牵引绳前端的绳圈内。

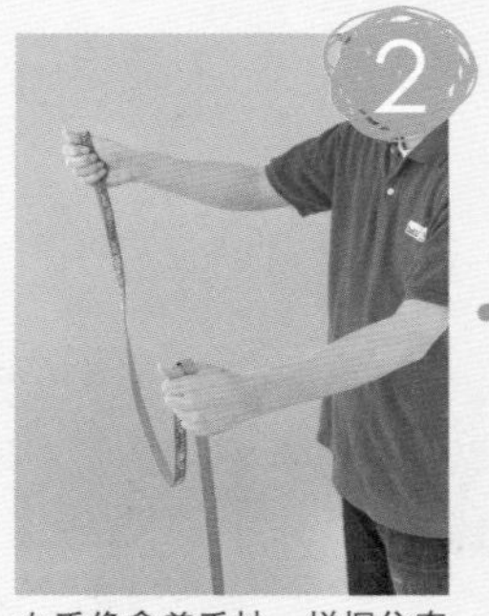

左手像拿着手杖一样握住牵引绳的中央位置。

让狗狗站在主人身体左边，使狗狗的重心线与主人的脚后跟平行，然后让狗狗靠近主人，直到紧贴主人的身体，这一位置被称为“随行位置”。让主人的左手弯曲成直角，可在此位置坐下或站起，面朝前方。

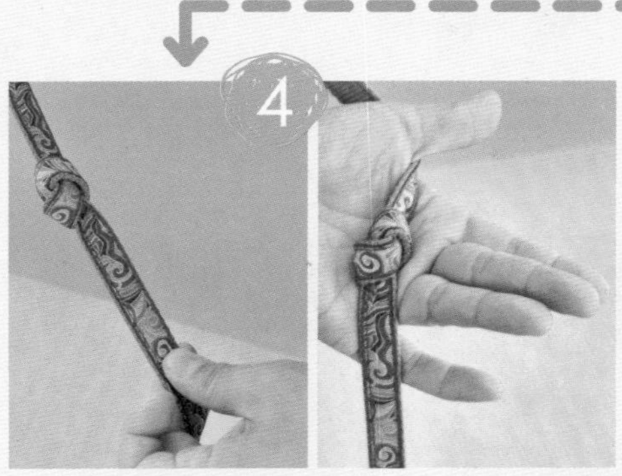

在步骤③的状态（左肘弯曲成直角的状态）下，牵引绳紧绷的位置就是安全绳结的位置。在该位置打结（左），拿牵引绳时要握住绳结上方。

如果将弯曲的手肘伸直，狗狗就可以放松一下。

问题预防

利用“肚脐停止”姿势，防止狗狗的捡食行为

主人可以检验一下是否能够防止狗狗做出捡食行为。

将握着安全绳结的左手从肚脐移动到紧贴胸口的附近。右手握住左手下方的牵引绳。这样，狗狗的鼻尖应该就无法够到地面了。这个姿势被称为“肚脐停止A”。如果狗狗想要捡食，可以用这个姿势阻止狗狗。

“肚脐停止A”姿势

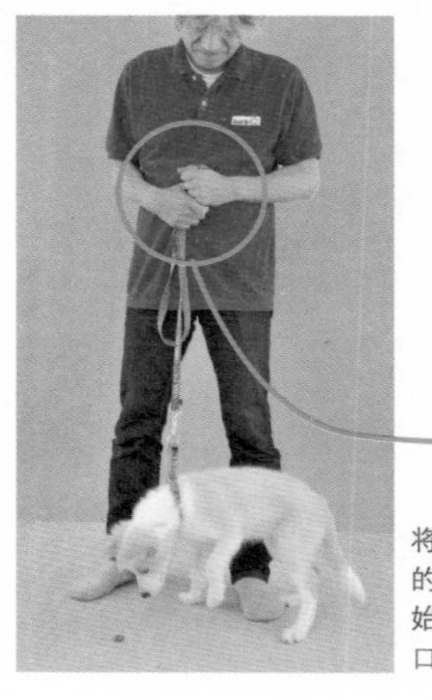

放大图

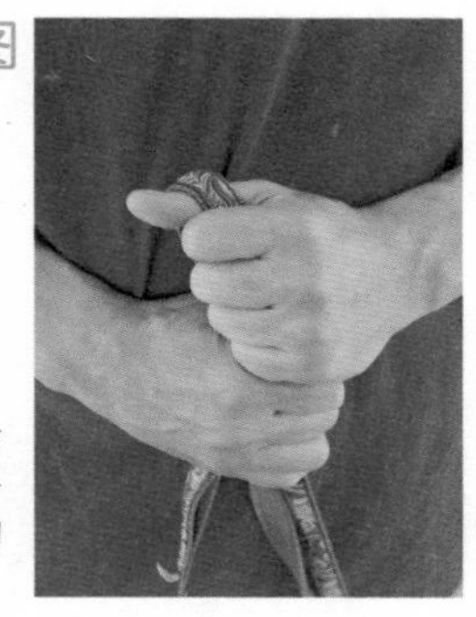

将握着安全绳结的左手从肚脐开始移动到紧贴胸口的附近。

基础知识

从“肚脐停止”姿势到抱起狗狗

除了“肚脐停止A”姿势，还有“肚脐停止B”姿势，即用右手握住握着安全绳结的左手上方的牵引绳。在“肚脐停止B”姿势下，主人可以将左手向狗狗的项圈滑动，然后完成“横抱姿势、抱法B”（请参考P76）。

“肚脐停止B”姿势

1

“肚脐停止B”姿势下牵引绳的握法。左手握着安全绳结。

2

左手向狗狗的项圈滑动（左），并将右手拇指插入狗狗的项圈（右）。

3

左手环绕狗狗的躯干，抱起狗狗（请参考P76），右手为狗狗按摩。

【单手拿法】

【双手拿法】

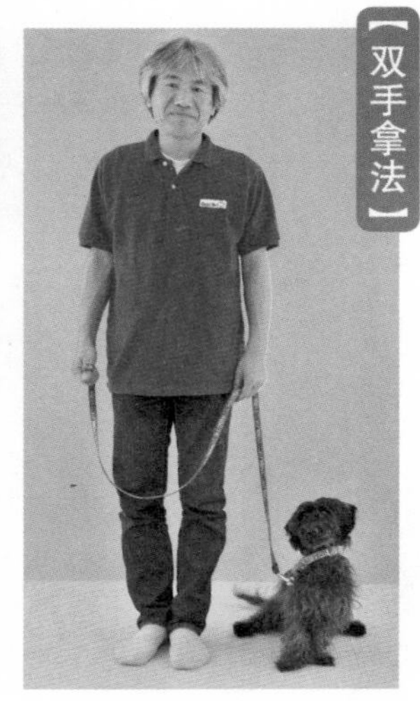

基础知识

双手拿牵引绳与单手拿牵引绳

将右手拇指插入牵引绳前端的绳圈，同时左手像拿着手杖一样握着安全绳结，这样的拿法被称为“双手拿法”。

与此相对，将处于“双手拿法”状态的左手拇指也插入牵引绳前端的绳圈，然后只用左手握着牵引绳，此被称作“单手拿法”。

不管是双手拿法还是单手拿法，都要注意左手要像握着手杖一样拿着牵引绳，这一点很重要。

牵引绳的长度必须保证可以轻松地进行眼神交流。

必须保证不需要拉紧牵引绳，就能轻松地取出狗粮。

牵引绳的适当长度

在双手拿法的状态下，让狗狗呆在随行位置，可以毫不费劲地从佩戴在背后的狗狗零食袋里取出狗粮，并且可以触碰到自己的下巴（眼神交流的引导动作）。此为牵引绳长度的标准。

如果牵引绳过短，在需要从狗狗零食袋里取出狗粮或为了与狗狗进行眼神交流而把放到下巴底下时会拉紧牵引绳，这个拉扯的力量会给狗狗带来压力。

让狗狗呆在主人左边的原因

让狗狗呆在主人左边，是源于从前对待猎犬和军用犬的习惯。

因为这些狗狗的主人会使用枪支，所以猎犬和军用犬呆在主人的左边会比较方便。而这一习惯也沿用到了家庭犬的身上。

如果在路上偶遇的狗狗都呆在主人左边，就可以一边避开对方，一边擦身而过，防止狗狗之间产生纠纷。

教会正确行为

为提高狗狗主动进行眼神交流的频率而进行的训练（室内）

如果能够提高狗狗与主人眼神交流的频率，就可以保证这一习惯持续下去。

让狗狗在室外也能够主动与主人眼神交流，和主人并排行走。

此外，如果狗狗能够持续地与主人眼神交流，就可以很轻松地教会狗狗“等一下”。

只要社会化进展顺利就可以进行练习，以提高狗狗主动眼神交流的频率。

右手紧握狗粮，发出眼神交流的身体信号。

如果狗狗仰视主人，开始进行眼神交流，要立刻喂食狗粮。

再次发出眼神交流的身体信号。

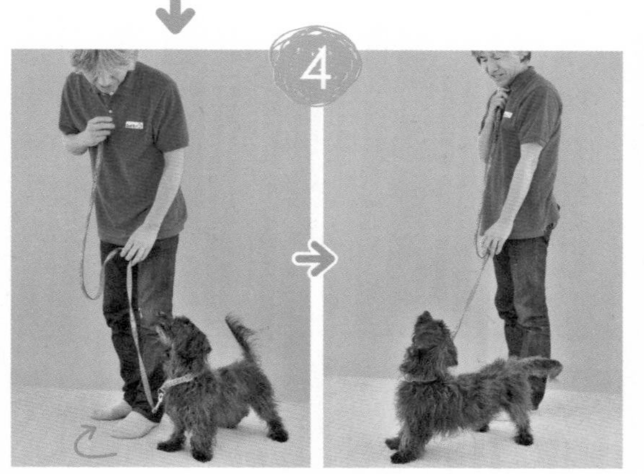

等狗狗仰视主人后，主人要向狗狗的随行位置移动（左），然后进一步向后方移动（如果主人移动后，狗狗没有移动，就无法进行眼神交流）。

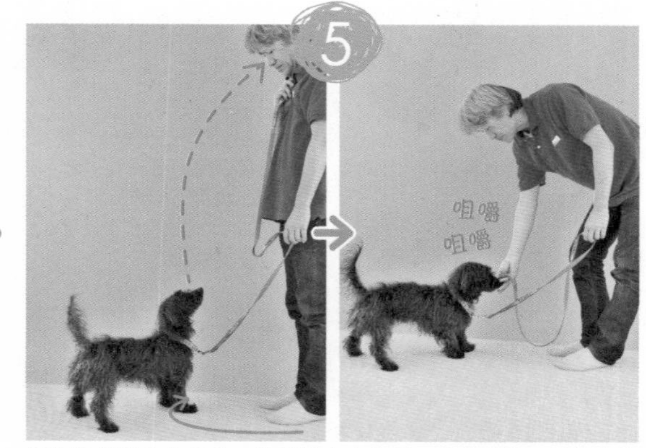

等狗狗绕到主人前方，并仰视主人之后，喂食狗粮。重复步骤❸～❺。

社会化

与其他狗狗接触

如果前五部分介绍的社会化训练已经完成，在遇到与其他狗狗时，就可以让它们直接接触了。但是，注意不能让狗狗变得过于兴奋。与其他狗狗的接触方法请参考P118。

但是，没必要让狗狗接触遇到的每一条狗狗。对于家庭犬来说，最重要的不是能够与其他狗狗玩耍，而是能够无视其他狗狗的存在。

如果狗狗没有习惯其他狗狗，就会感到不安，无法做到无视其他狗狗的存在。所以，让狗狗与其他狗狗接触，是为了让其习惯其他狗狗，请您一定要认识到这一点。为了让狗狗做到无视其他狗狗的存在，可以偶尔训练狗狗不与其他狗狗接触，只是擦身而过。如果每次遇到其他狗狗都去接触，狗狗就会以为要与遇到的每条狗狗玩耍，最终导致其无法无视其他狗狗。

为了让狗狗习惯其他狗狗，要在遛狗时让狗狗与其他狗狗接触。

为了让狗狗能够无视其他狗狗，要训练它在遇到其他狗狗时径直走过去，而不去接触。

遛狗场的相关事宜

主人还可以让狗狗在遛狗场与其他狗狗接触，但是从驯养的角度来看，遛狗场也有很多负面作用，请您注意这一点。

遛狗场最初是在欧美等国家兴起的，聚集在这里的狗狗可以不佩戴牵引绳自由玩耍。为了保持良好的秩序，要求主人能够随时叫回自己的狗狗（到这儿来）。如果做不到这一点，当狗狗们之间发生争斗时就会很危险。

具体来说，遛狗场的危害（风险）有以下5点：

看到其他狗狗后，狗狗很想和它们一起玩耍，变得兴奋。这样最终无法做到无视其他狗狗的存在。

为了防止狗狗们发生争斗，在遛狗场里禁止向狗狗喂食狗粮。因此，主人可能始终无法叫回狗狗。

狗狗们聚集在一起时，主人无法将其叫回，也就无法防止事故（由狗狗们争斗而演变成的事故）的发生。很多遛狗场都会有狗狗死亡的事故。

因为被其他狗狗追赶，狗狗会变得讨厌其他狗狗。

由狗狗们的纠纷演变成主人之间的争吵。

有的遛狗场是可以租赁使用的，因此您可以邀请关系比较好的狗狗主人一起带着狗狗到遛狗场。

主人最好能教会狗狗“相比和其他狗狗玩耍，还是和主人玩耍更开心”“即使正在和其他狗狗玩耍，如果主人叫自己，肯定会获得更好的奖励”。

而且，狗狗主人也应该认识到一点，如果狗狗能够理解这些，那么即使不和其他狗狗玩耍，也会过得很幸福。

社会化

让狗狗从各种地方钻过去（室外）

按照“训练狗狗从狭窄的地方钻过去（室内）”（请参考P115）的要点，训练狗狗（室外）从上面有东西遮盖的地方或狭窄的地方钻过去。

只要主人注意观察、寻找，能发现很多可以训练狗狗的地方，例如停着的汽车之间、停车场的围栏下方等。

在有的地方，可能只靠主人自己无法完成这些训练，所以可以拜托家人和朋友等帮忙完成训练。

在停车场训练狗狗从停着的汽车之间穿过去。

主人可以用狗粮引导狗狗，训练狗狗从汽车之间、墙壁与汽车之间等地方穿过去。如果一个人无法引导狗狗，请参考P109“到这儿来游戏（让狗狗从远处走到主人身边）”的要点，由两个人引导完成。

教会正确的行为

在遛狗途中训练狗狗眼神交流和坐下

这是为了向狗狗传达"即使是在遛狗途中，也要关注着主人"的信息。

主人可以不时地停下脚步，试着训练与狗狗的眼神交流和让其坐下。

试着在安静的地方喂食狗粮（确认狗狗是否可以集中精神）。

等狗狗吃完狗粮，训练它与主人进行眼神交流。此时主人可以左手紧握狗粮，向狗狗发出眼神交流的身体信号。

等狗狗与主人眼神交流后，再一次喂食狗粮，并抚摸和称赞狗狗。

如果狗狗已经与主人进行了眼神交流，这时候应该可以让狗狗坐下（上），再次喂食狗粮，并抚摸和称赞狗狗。

逐渐增加可以和狗狗进行眼神交流和让其坐下的地方

让狗狗在人行横道前坐下，狗狗眼前会有车辆通过。

让狗狗在不停有人进出的便利店门前与主人眼神交流。

主人可以按照这一步骤，不断增加可以和狗狗进行眼神交流和让其坐下的地方。开始时可以在安静的地方训练，之后逐渐在交通复杂等刺激强烈的地方训练狗狗。

问题预防

避免狗狗抢占地盘

随着狗狗长大，很多狗狗都会学会抢占地盘。这与“叼着东西不放”（请参考P90）一样，经常会伴有低吼、啃咬等行为。如果等狗狗养成这个习惯之后再去纠正，肯定既费时又费力，所以最好能事先预防。

不能强迫狗狗走开

狗狗之所以会抢占地盘，是狗狗从过去的体验中学到的行为，当自己喜欢的地方被抢走（＝受到惩罚）时，通过低吼或啃咬，就可以不让出这块地方（＝避免受到惩罚）。如果主人强迫狗狗走开，狗狗就会认为自己喜欢的地方被抢走了，所以绝对不能这么做。

应该用狗粮引导狗狗走开

狗狗正在某个地方休息时，如果主人想让其走开，可以利用狗粮引导狗狗到别的地方。这样就可以向狗狗传达“如果交出自己正在休息的地方，就会获得奖励”的信息，而且以后还可以再回到这个地方。这样狗狗就不会在将来抢占地盘。

1

狗狗主人可以利用狗粮，将正在沙发上休息的狗狗引导到地板上。

2

等主人坐在沙发上之后，向站在地板上的狗狗喂食狗粮。这样等于是教会了狗狗“如果把沙发让给主人，就会获得奖励”。

问题预防

预防狗狗捡食的训练

这里是“预防狗狗捡食的训练”（请参考P131）的升级版。

在一块空旷的地方撒上狗粮，然后让狗狗一步一步走过去，反复进行练习。

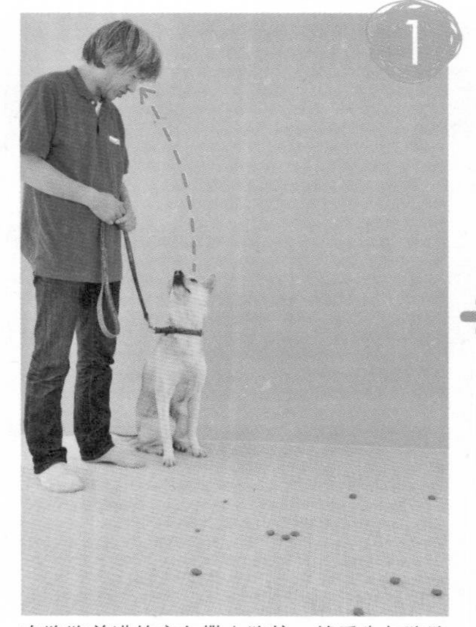

在狗狗前进的方向撒上狗粮，然后先与狗狗进行眼神交流。

让狗狗从撒满狗粮的地方走过去。

如果狗狗想要吃狗粮而低下头，主人必须阻止其捡食，等狗狗仰视主人后喂食狗粮。

等狗狗习惯之后，就可以逐渐增加让狗狗行走的距离。

让狗狗习惯护理

让狗狗习惯牙刷

如果已经完成了“让狗狗习惯主人给自己刷牙”（请参考P119），接下来就可以训练狗狗牙刷了。

首先，将牙膏涂在牙刷上，让狗狗舔牙膏。

如果牙刷柄很干，很容易卡在牙龈上，引起狗狗的反感，导致讨厌牙刷。因此，在将牙刷伸进狗狗的嘴里之前，先用水浸湿牙刷柄。

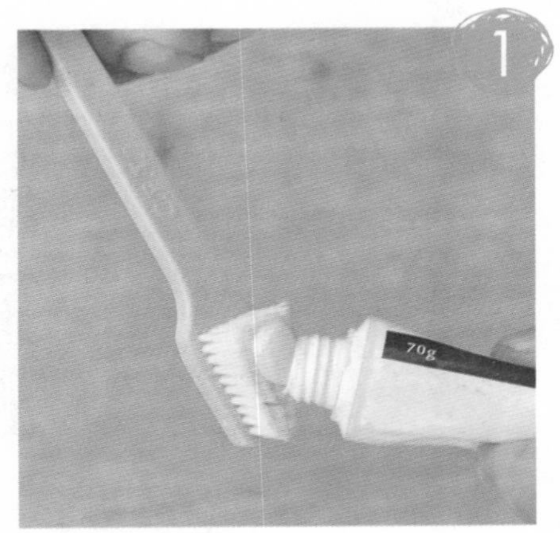

将牙膏涂在牙刷上。
※不要忘记用水浸湿牙刷柄。

让狗狗稍微舔一下牙膏。

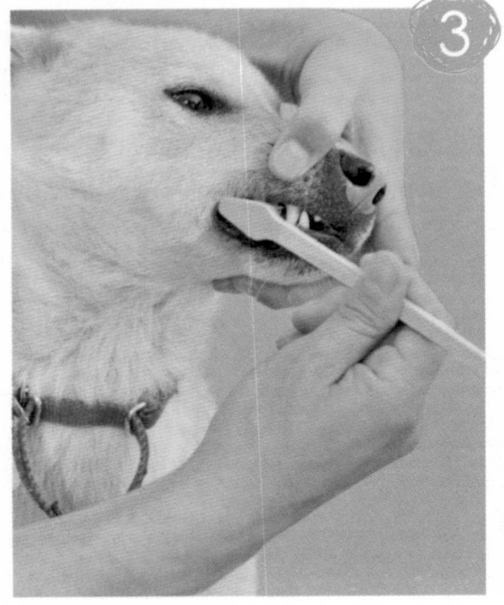

当狗狗舔牙膏时，翻开狗狗的嘴唇，用牙刷接触犬齿，轻轻地刷牙。

重点！

狗狗可能会玩闹着啃咬牙刷，也可能开始讨厌牙刷，所以一定要在狗狗表现出这些行为之前结束刷牙，这一点很重要。

成年狗狗牙齿长全的时间是8月龄左右。在此之前，训练狗狗习惯主人为其刷臼齿。

和狗狗一起玩耍!

和主人一起玩耍，要比自己玩耍或和其他狗狗玩耍开心多了！而且，和狗狗一起玩耍，对于构建主人与狗狗之间的良好关系来说非常重要。前文中我们已经介绍了基础的“拉扯游戏”，接下来介绍让狗狗开动脑筋的游戏。

捉迷藏

两个人进行训练
准备好狗粮

① 一个人手持牵引绳，让狗狗在房间里保持坐姿，另一个人手拿狗粮走到房间外面并藏起来。

② 藏在房间外面的人喊狗狗的名字，但是不能让狗狗看到自己。

③ 让狗狗去找出藏起来的人。在狗狗找到之后，藏起来的人喂狗狗吃狗粮，并称赞狗狗。

让狗狗玩智育玩具

准备好狗粮

智育游戏可以分为两种，一种是狗狗自己玩的，一种是狗狗和主人一起玩的。在接下来将要介绍的漏食转盘就属于后者，可以让狗狗享受寻找狗粮游戏的乐趣。打开狗狗转盘的盖子，在其中一个骨头形状的小洞里放入狗粮，盖上盖子，在盖子上开口的小洞里放进“骨头”。盖子可以来回旋转，但是前提是必须取下“骨头”。

接下来狗狗就可以开始寻找狗粮啦！因为狗粮会发出特殊的气味，狗狗在寻找时可以嗅闻到狗粮的气味，用脚抓挠，用鼻口部按压……如果狗狗能将“骨头”取掉，转动盖子，就能找到好吃的狗粮。

好了，现在你能找到狗粮吗？

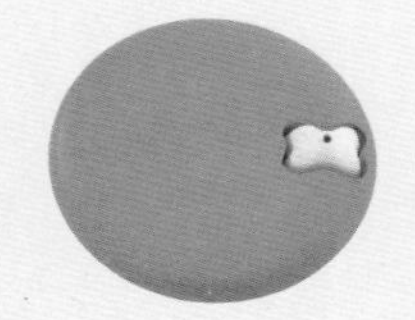

漏食转盘

两个人进行训练
准备好塞入狗粮的葫芦玩具

寻宝游戏

❶ 一个人手持牵引绳，让狗狗坐在持绳人的脚边，另一个人手拿塞入狗粮的葫芦玩具给狗狗看。

❷ 将葫芦玩具藏起来，并让狗狗看到藏的地方，例如室内盆栽后面、沙发后面、椅子后面等。

❸ 让狗狗寻找葫芦玩具。如果狗狗在藏有葫芦玩具的地方做出反应，就算找到了。如果狗狗实在找不到，主人可以装作不经意地引导狗狗。

❹ 让狗狗舔食葫芦玩具里的狗粮，并称赞狗狗。

※可以用锥子等在用于遮盖的纸杯底部钻洞，以降低游戏的难度（也可以通过钻洞的数量来调整难度）。

❶ 让狗狗坐下，在狗狗面前摆放6个纸杯。

❷ 让狗狗看着自己，在其中一个倒置的纸杯底部放一颗狗粮，并在纸杯上方放上另一个纸杯，这样狗狗从外面就看不到狗粮了。其他两组纸杯相同。

❸ 随机更换纸杯的位置（洗牌），这样狗狗就不知道哪一组纸杯里藏有狗粮了。

❹ 对狗狗说："好了，开始！"让狗狗寻找狗粮。如果狗狗用鼻尖蹭藏有狗粮的纸杯，或者是将纸杯推倒，就算找到了！

❺ 如果狗狗找到了狗粮，主人就取下上面盖着的纸杯，让狗狗吃里面的狗粮，并称赞狗狗。如果没有找到，让狗狗再试一次！

如何选择驯养教室?

与以往相比，现在驯养教室的数量大大增加，如何找到好的驯养教室呢？下面是判断优秀驯养教室的要点：

✔Check Point 1 是否以集体课程为主?

为了高效地推进狗狗的社会化训练，将很多主人和狗狗集合起来实施的集体课程是不可或缺的。单独课程的指导方法与集体课程的指导方法有很大差别，因此，我们推荐您选择以集体课程为主的驯养教室。

✔Check Point 2 是否由狗狗训导员负责教狗狗?

优秀的训练师是培养过很多在比赛中获得优异成绩的狗狗或优秀工作犬的人。狗狗训练师们拥有很高的训练技术，如果用体育界来打比方，就是指培养出很多优秀运动员的名教练。

但是，家庭犬不需要获得多么优异的成绩，也不需要拥有比别的狗狗优秀的地方。驯养教室的狗狗训导员需要的是具备一定的素质和技术，就像幼儿园或小学低年级的教师一样，能够向学生的父母提出培养和教育孩子方面的建议。如果想要饲养出优秀的家庭犬，就需要优秀的狗狗训导员，而不是优秀的训练师。

✔Check Point 3 狗狗训导员需要拥有什么资格证书？在哪里学习?

有的人自称是狗狗训导员，但实际上可能只是训练师。狗狗主人需要确认狗狗训导员是在哪里学习的，以及拥有什么经历。

如果狗狗训导员拥有的头衔是“某某认证”，需要确认认证单位是哪里。因为有的机构只要参加函授教育，就可以授予训练员资格。所以，狗狗主人需要通过互联网对该机构进行查询。如果是由拥有公益社团法人资质的机构认证的资格，就可以放心了。

很多时候欧美国家的驯养方法不能适用于日本的家庭犬。

✔Check Point 4 是否有提高狗狗主动进行眼神交流频率的训练方法?

狗狗主人需要确认在这家驯养教室里接受训练的狗狗坐下时是否会看着主人。

在进入第七部分之前，先让我们检查一下第六部分中介绍的训练是否已经完成。（填写方法请参考P72）

第六部分的完成情况检查表

训练内容			完成	需加油	未完成	记录
上厕所训练	去除狗狗厕所的栅栏	狗狗没有体验过上厕所失败，已经进入拆除狗狗厕所栅栏的阶段。	□ /	□ /	□ /	
基础知识	安全结	已经在牵引绳上打上安全结。	□ /	□ /	□ /	
	牵引绳的长度	已经确认了牵引绳的长度适当。	□ /	□ /	□ /	
	肚脐停止	已经顺利实施了肚脐停止A、B。	□ /	□ /	□ /	
	牵引绳的拿法	已经掌握“双手拿法”和“单手拿法”。	□ /	□ /	□ /	
社会化	遛狗	狗狗已经习惯了各种各样的地方，保证狗狗可以去任何地方。	□ /	□ /	□ /	
	让狗狗习惯各种物品	狗狗已经习惯了在遛狗途中遇到的各种物品。	□ /	□ /	□ /	
	让狗狗习惯其他狗狗	狗狗已经可以很好地与在遛狗途中遇到的其他狗狗接触。	□ /	□ /	□ /	
		狗狗已经可以很好地与在遛狗途中遇到的其他狗狗擦身而过（无视对方的存在）。	□ /	□ /	□ /	
	让狗狗钻过去（室外）	已经成功地让狗狗习惯从停着的汽车之间、停车场的围栏下面等地方钻过去。	□ /	□ /	□ /	
让狗狗习惯护理	刷牙	狗狗已经习惯了牙刷。	□ /	□ /	□ /	
教会狗狗正确的行为	提高狗狗主动进行眼神交流的频率	已经实施了提高狗狗在室内主动进行眼神交流的练习。	□ /	□ /	□ /	
	眼神交流	在遛狗途中，狗狗可以不时停下来，与主人进行眼神交流。	□ /	□ /	□ /	
	坐下	在遛狗途中，狗狗可以不时停下来并坐下。	□ /	□ /	□ /	
沟通交流	各种游戏	主人已经通过拉扯游戏以外的其他游戏，实现了与狗狗之间的沟通交流。	□ /	□ /	□ /	
问题预防	预防狗狗抢占地盘	为了防止狗狗抢占地盘，已经完成用狗粮诱导狗狗让出地方的练习。	□ /	□ /	□ /	
	预防狗狗捡食	已经成功地训练狗狗在撒满狗粮的地方走动也不会捡食。	□ /	□ /	□ /	

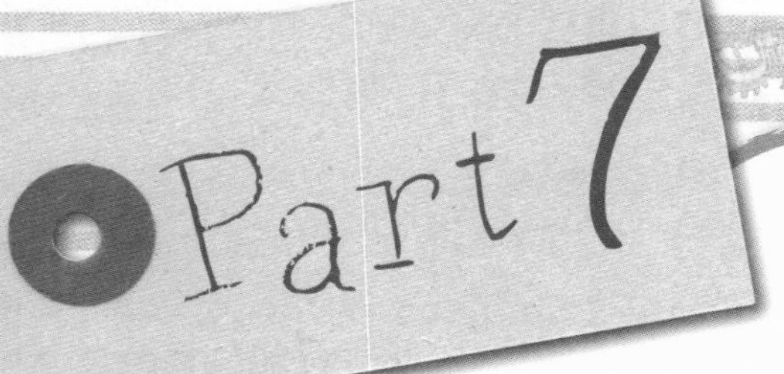

社会化期后（出生150天左右）~第二性征期

此阶段的狗狗相当于人类10~14岁的少年。这一部分总结了在此时期需要教会狗狗的事情。

第七部分在这里！

本书各个部分		Part2	Part3	Part4	Part5	Part6	Part7	Part8
疫苗	第一次 自第一次疫苗接种起两周后		第二次	自第二次疫苗接种起两周后	第三次 自第三次疫苗接种起两周后			
狗狗的周龄和月龄	7周龄 8周龄 2月龄	9周龄左右	10周龄左右	11~12周龄	3月龄左右	4~5月龄	出生后150天左右 5~7月龄	第二性征期以后

社会化期结束之后，狗狗的行为会发生改变，因为此时狗狗的警戒心超过了好奇心。不过，主人完全不用担心，因为在此之前，已经对狗狗进行了充分的社会化训练，狗狗可以比较轻松地习惯警戒的对象。

接下来，还有一个时期会促使狗狗的行为发生改变，即狗狗7月龄左右。在这一时期，狗狗也将迎来第二性征期。在第二性征期，人类的儿童会变得“品行不端”。同样，狗狗的情况也很类似，在这一时期狗狗的行为会发生较大的变化，这被称为“7th Month Crazy”（第七个月的疯狂）。

但是，如果在这一时期之前已经对狗狗进行了充分的社会化训练，可以在不责骂狗狗的情况下减少狗狗的问题行为，并在不让狗狗感到紧张的前提下教会狗狗很多讨人喜欢的行为，就可以安然无事地让狗狗渡过这一时期。

在第七部分中，我们将向您介绍狗狗进入第二性征期之前需要教会狗狗的一些事情。

问题预防

充分利用便携式狗笼

在室内充分利用便携式狗笼，这是为了防止狗狗的调皮行为，防止狗狗待在家里时造成事故。

在狗狗即将迎来第二性征期的时候，狗狗可以忍耐8个小时左右不排泄。所以，主人可以将狗狗待在便携式狗笼里的时间的极限视为一天的三分之二（总计）。

但是，这毕竟只是一个极限忍耐的平均时间，每条狗狗不会完全相同。而且，如果每天都让狗狗忍耐到极限而不排泄，狗狗患上膀胱炎的风险就会大大增高。

总计时间为一天的2/3

利用便携式狗笼训练狗狗学会正确的行为

利用便携式狗笼进行训练的目标是：主人向狗狗发出“房子”的信号，让狗狗进入便携式狗笼，然后关上门。接下来即使看不到主人，在可以忍耐着不排泄的时间内，狗狗也会老老实实地待在便携式狗笼里。

怎么样，您是否可以实现这一目标呢？如果还不能做到这一点，请您参考P46~47继续对狗狗进行训练。

基础知识

遛狗的方法

遛狗的主要目的是进行社会化训练，同时也在一定程度上满足狗狗的好奇心。在遛狗时，有的主人会让狗狗朝着自己想去的方向前进。但是，如果总是这样，狗狗可能无法将注意力集中到主人身上，而是扯着牵引绳向前走。

如果主人在遛狗时已经对狗狗进行了充分的社会化训练，已经让狗狗习惯了各种各样的物品和地面，那么接下来就要掌握正确的遛狗方法了。

在遛狗时制造“集中点”

在开始遛狗之前，主人要告诉狗狗“下次要走到那里”，即在前方数米到数十米的地方为狗狗定一个目标（集中点），然后再让狗狗出发。等狗狗走到目标地点之后，停下来，喂食狗粮。如果狗狗可以将注意力集中到狗粮上，就可以进行眼神交流的练习；如果能够与狗狗眼神交流，就能让狗狗坐下。

所以，主人在遛狗时要多制造一些能让狗狗将注意力集中到主人身上的方法。

在遛狗时制造“集中点”

1 在出发的地方喂食狗粮。

2 与狗狗进行眼神交流。

3 眼神交流后喂食狗粮。

4 接下来让狗狗坐下。

5 等狗狗坐下后喂食狗粮。

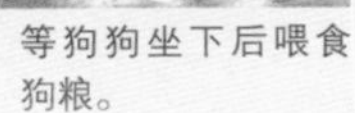

6 在出发时与狗狗眼神交流。

7 带着狗狗走到初始目标（集中点）。

8 等到达目标地点后喂食狗粮。

9 然后与狗狗眼神交流。

10 眼神交流完成后，喂食狗粮。

11 接下来让狗狗坐下。

12 等狗狗坐下后喂食狗粮。

基础知识

不顺着狗狗的意思

在遛狗时，狗狗可能会时而向右、时而向左拉扯牵引绳。此时，主人不能顺着狗狗的意思，而要若无其事地朝着集中点走去（不能用力地拽狗狗，最好以一种正在向前走的感觉前进），这一点很重要。

但是，如果狗狗将鼻尖朝向狗狗主人的方向，拉扯着牵引绳想要向后退，说明狗狗很害怕，不想朝着这个方向走。

这时候，主人可以用狗粮或玩具诱导狗狗，也可以将狗狗抱起来走过那个地方，或者改变前进的方向，从而回避狗狗讨厌的情况。

如果狗狗想要去 别的方向

1 如果狗狗拉扯着牵引绳，想要去自己感兴趣的方向。

2 这时候主人不能顺着狗狗的意思，而要让狗狗朝着目标方向前进。

3 如果狗狗跟着主人走，就称赞狗狗。

如果狗狗拉扯着牵引绳 想要向后退

1 如果狗狗将鼻尖朝向主人的方向，畏畏缩缩，拉扯着牵引绳想要向后退，说明狗狗很害怕。

2 狗狗主人背朝狗狗蹲下来，用狗粮诱导狗狗。

3 在狗狗开始前进后，喂食狗粮，一直往前走，这时候要注意不能中途停下。

基础知识

在向前走的时候，要注意让狗狗集中注意力

在从一个集中点走向另一个集中点（目标的地方）时，主人一定要注意让狗狗集中注意力。也就是让狗狗明白，在向前走的时候要仰视主人。

如果能够顺利地让狗狗前行，在行走之前，主人要向狗狗说："好，我们走吧！"以此向狗狗发出信号。步骤如下：

1. 进行眼神交流。
2. 发出信号（好，我们走吧）。
3. 开始让狗狗向前走。

为了让狗狗明白只有走到下一个地方才能获得奖励，因此开始向前走时不能喂食狗粮。

基础知识

由主人决定哪里可以嗅闻气味

对于狗狗而言，嗅闻气味是很自然的行为，因此主人应当满足狗狗的这一欲望。但是，如果放任狗狗自由行走，可能会时而向左、时而向右地拉扯牵引绳。为了防止狗狗变成这样，主人应当决定哪里是可以让狗狗嗅闻气味的地方，而其他地方则不能让它随意嗅闻。

首先，主人在可以让狗狗嗅闻气味的地方与狗狗眼神交流，然后对狗狗说"可以"，依次向狗狗发出信号，让狗狗嗅闻气味或者排泄。步骤如下：

1. 进行眼神交流。
2. 发出信号（可以）。
3. 让狗狗嗅闻气味。

这对于狗狗而言，能够嗅闻气味就相当于获得"奖励"，因此不需要喂食狗粮。

可以让狗狗嗅闻气味的地方

1

首先要与狗狗进行眼神交流。

2

主人发出"可以"的信号，让狗狗嗅闻气味。

教会正确的行为

教会狗狗等待的意义

如果狗狗学会等待，不仅可以防止因为狗狗突然跑开而引起事故，还可以防止狗狗扑人。此外，当主人正在吃饭或等待交通信号灯时，也能让狗狗老老实实地等待。

在日常生活中，会有很多需要让狗狗等待的情况。所以，“等待”是实现与狗狗理想生活不可或缺的。

逐渐拉长“连续喂食狗粮”的时间间隔

如果连续向狗狗喂食5颗狗粮，最初也许只能让狗狗保持坐姿3秒钟左右。但是，随着狗狗对于等待的理解，可以一点点拉长“连续喂食狗粮”的时间间隔。如此，逐渐延长让狗狗保持坐姿的时间。同样是5颗狗粮，但让狗狗保持坐姿的时间会逐渐延长为5秒、10秒、20秒、1分钟。

通过连续喂食狗粮，教会狗狗等待

以坐下为例。训练狗狗坐下时，如果狗狗将屁股挨着地板就对狗狗奖励（喂食狗粮），对于狗狗而言目标已实现，因此很多狗狗在吃完狗粮后就会立即站起来。

但是，如果主人在狗狗站起来之前，再一次喂食狗粮，会怎么样呢?

在狗狗做出坐下的姿势之后，喂食狗粮；在狗狗想要站起来时，再次喂食狗粮；在狗狗再次想要站起来时，再一次喂食狗粮。重复这一操作来这种教会狗狗等待，此方法被称作“连续喂食狗粮”。

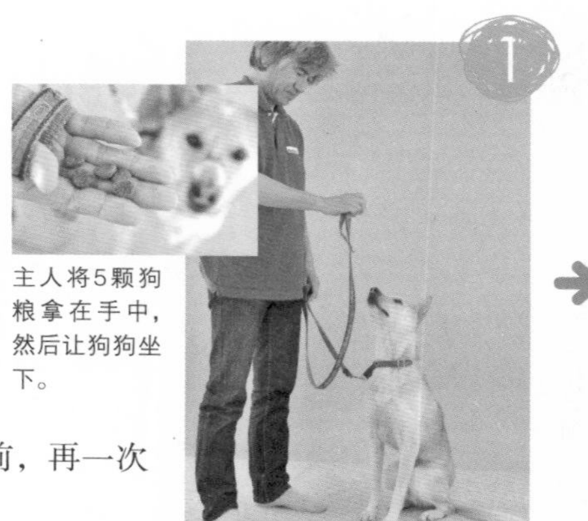

主人将5颗狗粮拿在手中，然后让狗狗坐下。

等到狗狗坐下后喂食狗粮。

在狗狗想站起来之前，再喂食狗粮。重复这一操作数次（连续喂食狗粮）。

最后，主人开始走动，以告诉狗狗可以移动了。

主人在说出『OK』之后，朝着狗狗屁股的方向踏出脚步。

教会狗狗结束坐下的姿势

如果主人利用“连续喂食狗粮”的方法教会狗狗保持坐姿，有的狗狗可能会认为“只要坐下不动，就一定会获得奖励”，这样以后会很麻烦。因此，如果主人希望狗狗不再保持坐姿，可以向狗狗发出结束的信号，教会狗狗理解“OK”的意义。

教授的时候，主人要首先移动，以告诉狗狗可以移动了。

如果主人是正面对着狗狗，可以朝着狗狗屁股的方向移动。

如果能够顺利地让狗狗移动，在狗狗移动之前要向它发出“OK”的信号。

让狗狗坐下。

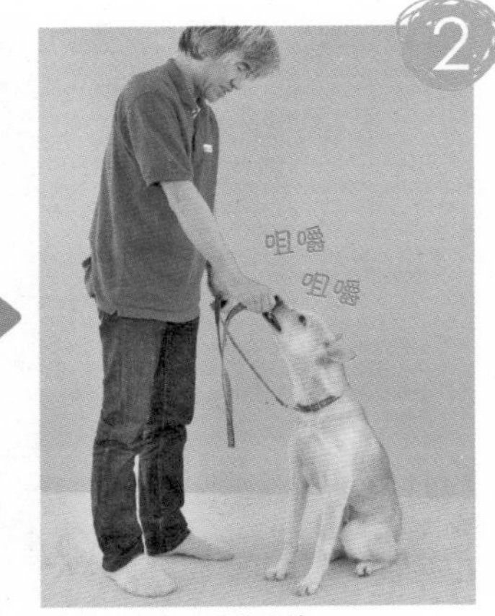

等狗狗坐下后喂食狗粮。

与狗狗眼神交流，然后喂食狗粮。重复步骤❷～❸数次。

最后一次眼神交流之后，主人对狗狗说“OK”，然后开始移动，让狗狗结束坐姿。

要真正做到与狗狗眼神交流

如果已经成功延长了连续喂食狗粮的时间间隔，在每次的喂食过程中，都要和狗狗进行眼神交流。最初，主人可以通过与狗狗持续的眼神交流，教会狗狗等待（如下图所示）。

这将有利于增加狗狗主动与主人眼神交流的次数，最终增加狗狗与主人之间的幸福荷尔蒙。

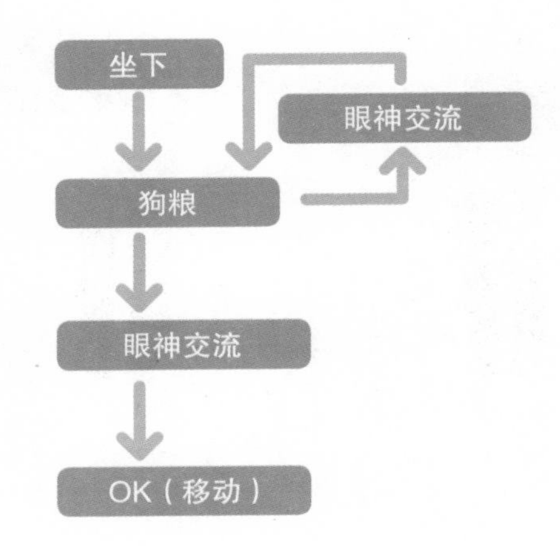

向狗狗发出信号

如果已经完成了上述的等待训练，接下来就可以向狗狗发出信号（声音信号或手势信号）了。

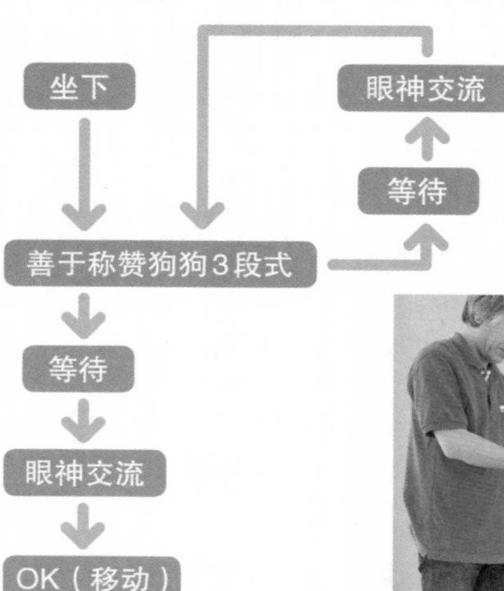

发出信号的时机为喂食狗粮之后，以及进行眼神交流之前。

下图是让狗狗等待的手势信号。狗狗会将视线集中在主人紧握狗粮的手上，为了遮挡狗狗的视线，主人可以将另一只手的手掌（左手）伸向狗狗。

让狗狗坐下。

等狗狗坐下后喂食狗粮。

一边告诉狗狗等待，一边将手掌伸向狗狗，发出手势信号。

眼神交流。

完成眼神交流后喂食狗粮，并抚摸狗狗（善于称赞狗狗3段式）。

再次告诉狗狗等待，同时发出手势信号。重复步骤❸~❺数次，最后和狗狗眼神交流。

对狗狗说“OK”，开始移动，让狗狗结束等待的姿势。

按“从室内到室外”的流程练习

如果您的狗狗已经在家里完成了上述训练，接下来就可以开始P154~155的“集中点”训练，之后逐渐增加完成“集中点”训练的地方，最终做到在室外刺激强烈的地方，也能让狗狗完成训练。

阶段，相比“连续喂食狗粮”，在移动之前告诉狗狗“等我回来后奖励你”会更加恰当。

主人要在狗狗移动之前返回并喂食狗粮，重复这一操作进行训练，并逐渐拉长距离。

教会正确的行为

在远离狗狗的地方，让狗狗坐下等待

让狗狗等待，意味着主人发出“等待”的指令后，不管是主人改变站立的位置或离开、在主人发出下一个指令之前，狗狗绝对不能改变位置、姿势、身体朝向。为了让狗狗明白这种等待，在下一阶段，主人要进行离开的练习。

教会狗狗等待的基本方法是在移动之前喂食狗粮，即前文所述的“连续喂食狗粮”。而在此

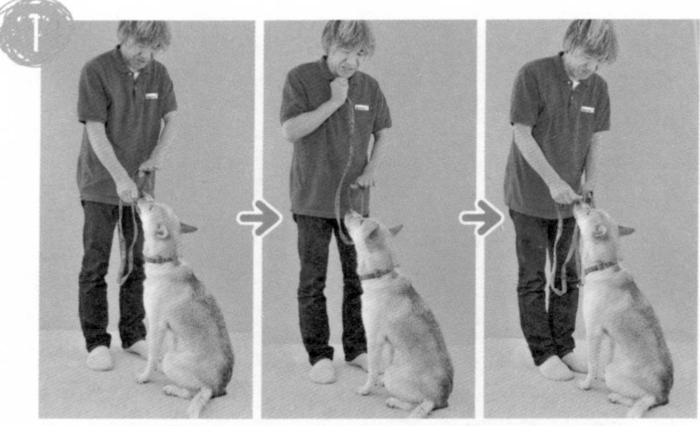

首先，让狗狗做等待的练习。如果狗狗可以持续与主人眼神交流，进入步骤❷。

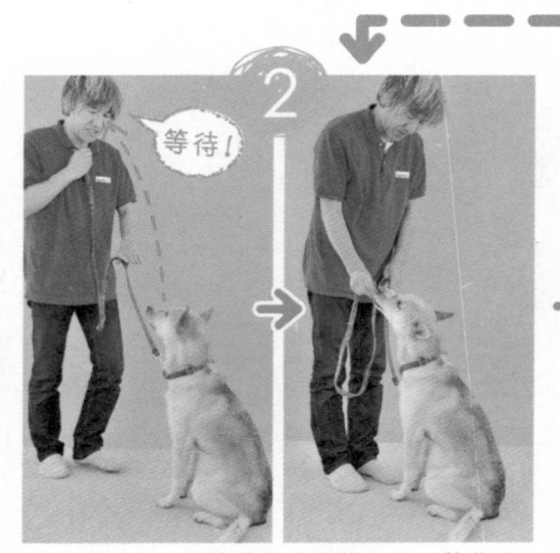

主人向狗狗发出等待的声音信号和手势信号，一边让狗狗保持眼神交流的状态，一边退后一只鞋的距离，然后立刻把脚收回去，喂食狗粮（如果退后一只鞋的距离很困难，可以只退后半只鞋的距离）。

如果已经完成步骤❷，主人可以再退后一只鞋的距离，在狗狗移动之前把脚收回去，并喂食狗粮。

如果已经完成步骤❸，主人可以再退后一只鞋的距离。按照以上流程进行训练，逐渐拉长离开的距离，直到将牵引绳拉直。

※想达到主人离开的距离拉长到将牵引绳拉直的程度，最快需要两三天的时间，慢的话可能会花上几周的时间。注意，一定要在完成一个阶段之后，才能进入下个阶段，而且千万不能在训练时急躁，做到一边享受过程，一边训练。另外，无论训练到哪个阶段，都不要忘记在结束训练时，对狗狗发出“OK”的信号。

通过让狗狗连续吃地板上的狗粮，教会狗狗以卧倒的姿势等待

以卧倒的姿势等待，其原理与以坐下的姿势等待一样。

但是，有的狗狗可能不想卧倒。此时，连续喂食狗粮的速度可能会跟不上狗狗想要站起的速度。因此，可以将狗粮放在地板上实施连续喂食狗粮。

在引导狗狗从坐下的姿势转换到卧倒的姿势时，可以先将几颗狗粮放在狗狗的前腿之间（下巴下方），在狗狗吃完地板上的狗粮之前，连续地喂食狗粮。

只有让狗狗明白了“如果卧倒，就会不断地吃到狗粮”，它才不会立即站起来了。

之后要减少放在地板上的狗粮数量，等狗狗吃完后再继续放狗粮，逐渐延长连续喂食狗粮的时间间隔。主人要按照以上流程，不断升级训练的内容。

1 让狗狗卧倒之后，在狗狗的前腿之间放上几颗狗粮。

2 在狗狗吃狗粮时，继续添几颗狗粮。重复连续喂食狗粮数次。

区别对待坐姿等待和卧姿等待

以坐下的姿势等待适用于短时间的等待，比如等待交通信号灯等需要2~3分钟的情况。

与此相对，以卧倒的姿势等待则适用于长时间的等待，而且可以让狗狗得到很好的休息。因此，如果需要让狗狗等待很长时间，以卧倒的姿势等待会更轻松。

在主人吃饭或有事外出的时候，考虑到狗狗的身体情况，主人最好能向狗狗下达卧倒等待的指令。

主人在狗狗咖啡厅等地方吃饭或喝东西时，可以让狗狗以卧倒的姿势等待。

让狗狗以卧姿等待时同样可以眼神交流和发出信号

与以坐下的姿势等待一样，如果能够成功地延长连续喂食狗粮的时间间隔，主人同样可以与狗狗进行眼神交流，并进一步向狗狗发出信号。

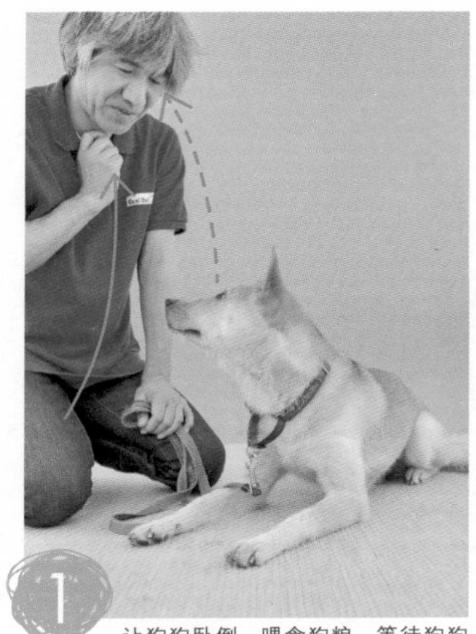

1 让狗狗卧倒，喂食狗粮，等待狗狗与主人进行眼神交流。如果狗狗的视线看向主人，立即喂食狗粮。

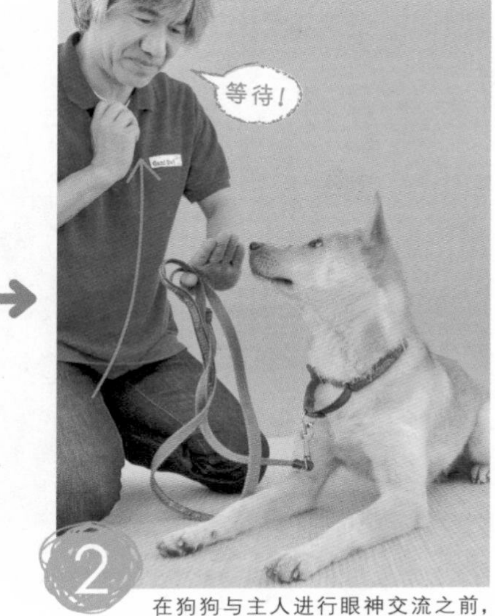

2 在狗狗与主人进行眼神交流之前，对狗狗发出“等待”的信号，然后将手掌朝向狗狗，发出手势信号。

即使主人坐在椅子上，也能让狗狗以卧倒的姿势等待

当主人吃饭、工作等需要坐在椅子上的时候，也可以利用在地板上撒狗粮的方法持续喂食狗粮，以此教会狗狗等待。

当然，也可以通过用手直接喂食狗粮的方法进行训练。但是，如果主人正在吃饭，狗狗的唾液就会沾到主人手上，从卫生的角度考虑，这一方法并不妥当。

在狗狗保持卧倒状态的情况下也可以实施主人离开的练习

在狗狗以卧倒的姿势等待时，一样可以进行主人离开的练习。因为难度有所提高，主人必须在站立姿势时也能让狗狗保持卧倒的姿势。如果已经可以很轻松地做到这一点，接下来就可以实施主人离开的练习。和狗狗以坐下的姿势等待一样，主人可以稍微离开一段时间，然后在狗狗移动之前返回并喂食狗粮。通过这种方法，逐渐延长主人离开的距离和时间。

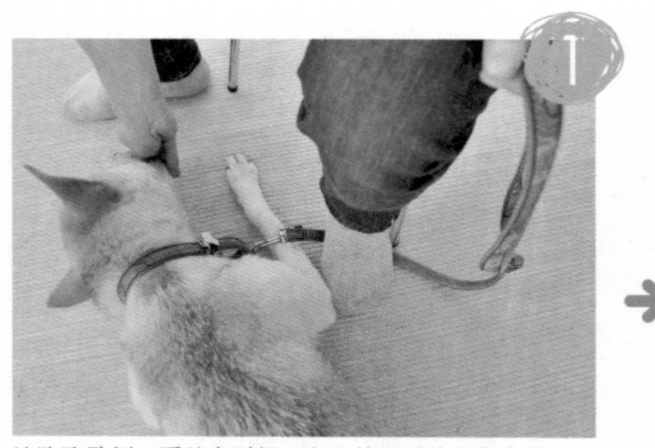

让狗狗卧倒，踩着牵引绳，主人的两手处于自由的状态(可以吃饭等)。

利用在地板上放狗粮的方法，持续喂食狗粮。

一边对狗狗说“等待”，一边将手掌朝向狗狗，发出手势信号。最后主人发出“OK”的信号，让狗狗结束等待。

在狗狗以卧倒的姿势等待时，主人转换到站立的姿势

开始时主人保持下蹲的状态，在这种情况下让狗狗稳定地以卧倒的姿势等待。

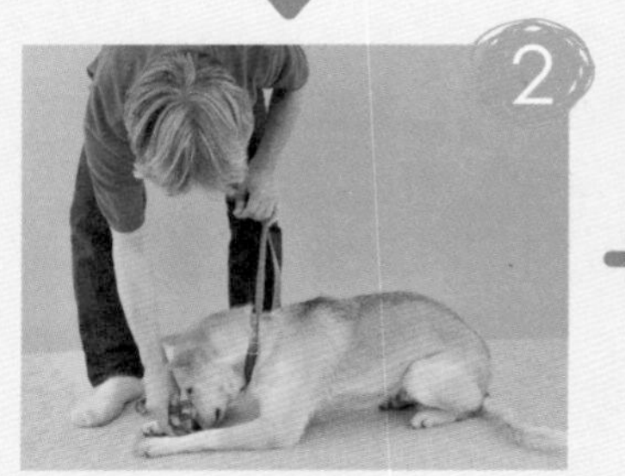

当狗狗正在吃地板上的狗粮时，主人转换到站立的姿势。

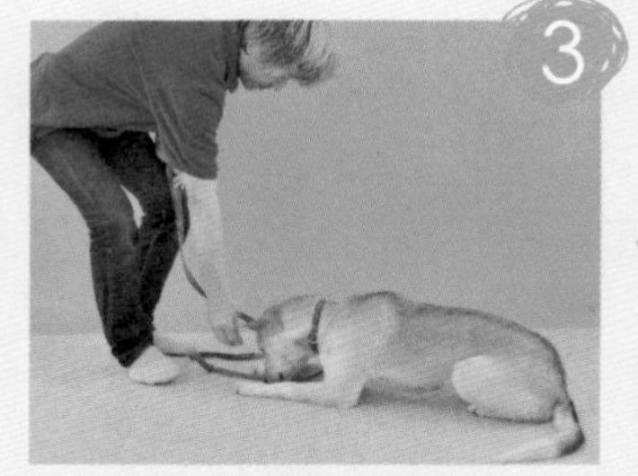

在狗狗还能保持卧倒姿势的时候，连续不断地喂食狗粮。

如果可以完成步骤❸，这时应该就可以一边向狗狗发出信号，一边很轻松地保持眼神交流。

在狗狗以卧倒的姿势等待时，主人转换到离开

1 这个训练需要狗狗完成“在狗狗以卧倒的姿势等待时”的练习。

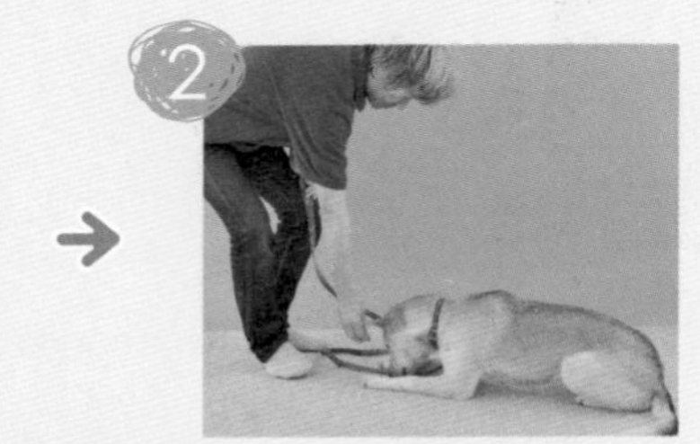

主人对狗狗发出“等待”的声音信号和手势信号，一边保持与狗狗的眼神交流，一边退后一只鞋的距离（左），然后立即将脚收回原处，并在狗狗的两条前腿之间的地板上放上狗粮。如果退后一只鞋的距离很困难，可以退后半只鞋的距离（右）。

3 如果已经完成步骤❷，可以再退后一只鞋的距离，并在狗狗移动之前将脚收回原处，在地板上放上狗粮。

如果已经完成步骤❸，可以再退后一只鞋的距离。按照以上流程重复进行训练，逐渐拉长离开的距离，直到将牵引绳拉直。

在室外进行训练，让狗狗同样能够以卧倒的姿势等待

与以坐下的姿势等待一样，主人首先要在自己家里训练狗狗以卧倒的姿势等待。而在带着狗狗外出时，首先要在狗狗熟悉的地方一边制造“集中点”，一边反复练习。然后，逐渐提高训练难度，最终在外部刺激很强的地方也能让狗狗以卧倒的姿势等待。

※即使狗狗在主人离开后能够安静地等待主人，也绝对不能出现将狗狗拴在超市外面，然后自己去购物的情况。因为即使主人用牵引绳将狗狗拴起来，狗狗也可能会受伤，请主人一定注意。

教会正确的行为

教会狗狗站立姿势

如果您能够按照本书中介绍的方法对狗狗进行训练，狗狗就能经常与主人眼神交流。同样，狗狗在坐下时也会经常看着主人。当主人教会狗狗坐下后还可以进一步向狗狗传达“如果在集中点多坐下，就会获得奖励”。

家庭犬的理想状态是可以立刻坐下并仰视主人，但同时还需要教会狗狗从坐下姿势转换到站立姿势。在动物医院接受检查或为狗狗清洗毛发时，经常需要狗狗保持站立姿势。

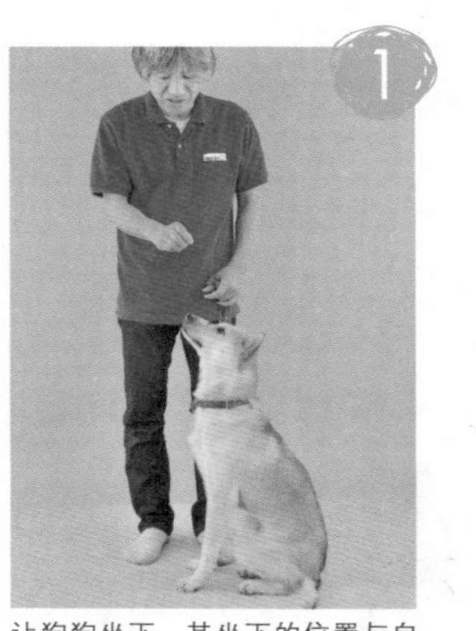

让狗狗坐下，其坐下的位置与自己成直角。

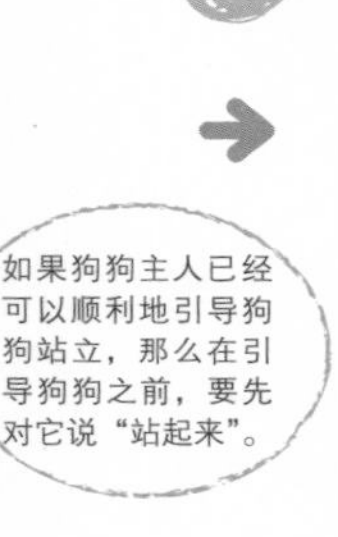

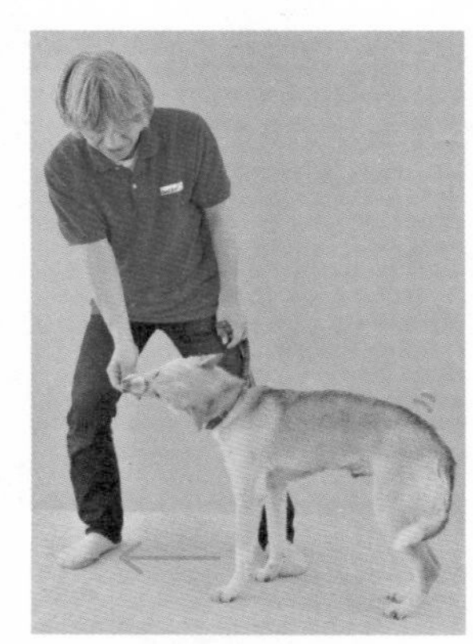

让狗狗保持坐下姿势，手拿狗粮引导其鼻尖伸向前方，然后只将右脚横向踏出一步。与此同时，按照磁铁游戏的要点，引导狗狗前进。

等狗狗将屁股抬高，转换为用四条腿站立的姿势之后，就不再用手引导狗狗了。同时，为了不让狗狗再次坐下，将另一只手放在狗狗的腹部下方支撑着狗狗。然后利用3段式（对狗狗说“好孩子”、喂食狗粮、抚摸狗狗）称赞狗狗。注意，重点是一边辅助着不让狗狗坐下，一边抚摸狗狗的腹部。

最后对狗狗说“OK”，并开始移动，让狗狗结束站立的姿势。

教会狗狗从坐姿转换到卧姿，然后再转换到站姿

如果狗狗已经可以顺利地从坐下姿势转换到站立姿势，接下来就可以教狗狗从卧倒姿势转换到站立姿势了。当狗狗学会从卧倒姿势转换到站立姿势后，让狗狗反复练习，最终使其学会以下各种模式的转换：从坐下姿势转换到卧倒姿势，然后再转换到站立姿势；从卧倒姿势转换到站立姿势，然后再转换到坐下姿势；从坐下姿势转换到卧倒姿势，然后再一次转换到坐下姿势。

站立

卧倒

坐下

让狗狗站立起来后，将左手放在狗狗下腹部，有力地支撑着狗狗，防止狗狗坐下或来回转圈。

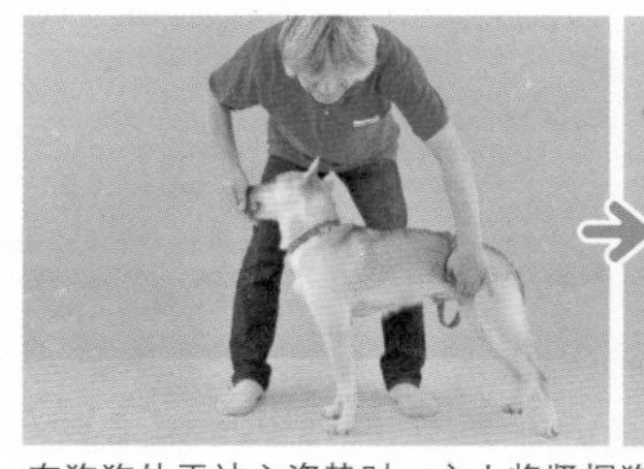

在狗狗处于站立姿势时，主人将紧握狗粮的右手远离狗狗，然后再靠近狗狗，喂食狗粮。重复几次这样的操作，等狗狗可以保持站立的姿势后，逐渐拉长连续喂食狗粮的时间间隔。

如果狗狗明白了只要站立不动，就会有狗粮送到自己嘴边，狗狗就不会再想坐下或者移动。此时可以偶尔放开左手的支撑。

教会狗狗以站立的姿势等待

与以坐下的姿势等待和以卧倒的姿势等待一样，主人也可以利用“连续喂食狗粮”的方法，教会狗狗以站立的姿势等待。

教会正确的行为

让狗狗以站立的姿势等待时，做出手势的方法

让狗狗以坐姿和卧姿等待时需要注意，在手拿狗粮引导狗狗的同时，要用另一只手做出手势信号。而在让狗狗以站立姿势等待时，如果也是同样操作，狗狗可能会坐下或者移动。因此，在让狗狗以站立姿势移动时，要用拿着狗粮引导狗狗的手（右手）发出手势信号。

1

主人用拇指夹着狗粮（左），紧握，将拇指握在里面（右），这样既可以让狗狗看到掌心，狗粮也不易掉落。

用紧握的手，引导狗狗做出站立的姿势。

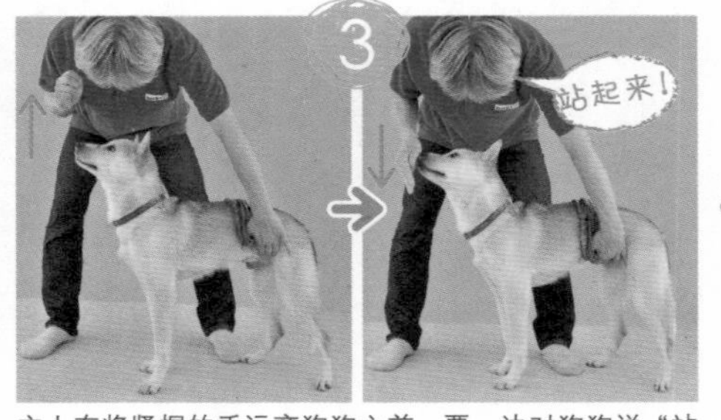

主人在将紧握的手远离狗狗之前，要一边对狗狗说“站起来”，一边伸开手指，让狗狗看到掌心。此时要用拇指紧紧夹着狗粮，以防止狗粮掉落。

在让狗狗看到手掌里的狗粮且未吃到之前，将右手远离狗狗。

如果狗狗明白了只要站立不动，就会有狗粮送到嘴边，狗狗就不会再去坐下或者移动了。注意，此时要保持右手静止状态，延长解除左手支撑的时间。

如果在解除左手支撑后，狗狗可以坚持10秒钟左右不移动，主人就可以让狗狗保持“等待”的状态，逐渐远离狗狗。

教会正确的行为

对狗狗说“到这儿来”，让狗狗坐下

如果让狗狗明白“到这儿来”就是“靠近主人并坐下”，那么后续的训练就会变得很容易。

叫狗狗的名字，将紧握狗粮的手放在下巴下方，与狗狗进行眼神交流。

主人就发出“到这儿来”的信号，伸出紧握着狗粮的手，向后退几步。

等狗狗靠近后，将手与狗的鼻子保持齐平，让狗狗紧挨着主人停下来。

※在这个步骤中，主人不要向狗狗发出坐下的信号。如果通过发信号的方式让狗狗坐下，狗狗就会认为“因为主人让我坐下，我才坐下”。而我们的目标是不对狗狗发出坐下的信号，狗狗在听到主人喊“到这儿来”的时候，就会主动地来到主人身边坐下。

将手靠近狗狗的鼻子附近，让狗狗稍微舔食狗粮。当狗狗的注意力集中到狗粮上时，手紧贴自己的身体，逐渐抬高。

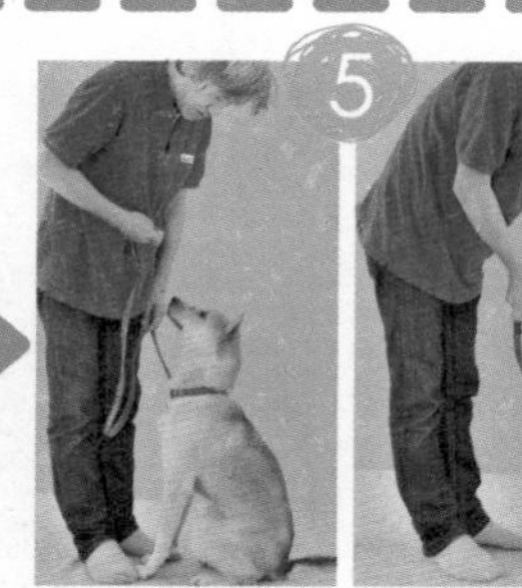

利用狗粮引导狗狗向上看，这时候狗狗就会很自然地将屁股放低。当狗狗的屁股挨着地板后，主人通过“3段式”称赞狗狗。

马上让狗狗以坐下的姿势等待，并进行眼神交流。等狗狗看向主人时，对狗狗说“OK”，让狗狗结束等待。

教会正确的行为

让狗狗从远处“到这儿来”

在P109介绍的“到这儿来”游戏中，引入上文介绍的“对狗狗说‘到这儿来’，让狗狗坐下”。通过逐渐拉长距离，反复练习，即便狗狗在其他房间，也会听到叫声后来到主人身边坐下。

狗狗主人与狗狗进行眼神交流。

边用手引导狗狗边向后退。

当狗狗走到主人身边坐下后，通过“3段式”称赞狗狗。

交换两个人的角色，重复上述操作。在和狗狗眼神交流之后，向后退，逐渐拉开两个人的距离。

等狗狗坐下后称赞狗狗。

让狗狗以坐下的姿势等待，和狗狗眼神交流。

等狗狗看向叫它的人时，对狗狗说“OK”，让狗狗结束等待。

教会正确的行为

一边和狗狗眼神交流，一边向前走（第一步）

在室外也要进行“为提高狗狗主动进行眼神交流的频率而进行的训练（室内）”（请参考P140）。如果顺利完成训练，作为延伸，可以开始练习一边和狗狗眼神交流，一边向前走。

1 将紧握狗粮的手放到下巴下方，向狗狗发出眼神交流的身体信号。

2 等狗狗仰视主人后，喂食狗粮。

※在喂食狗粮时，为了防止狗狗挡住主人前进的道路，要让狗狗待在主人左侧，然后喂食狗粮。

3 再次向狗狗发出眼神交流的身体信号。

4 等狗狗仰视主人后，主人指引狗狗看左侧，然后朝狗狗屁股的方向走1~2步。

5 如果狗狗不动，就无法眼神交流，因此主人要绕到狗狗面前。

6 等狗狗仰视主人后，喂食狗粮。重复步骤❸~❻，最终让狗狗学会逐渐前行。

从正上方的角度看步骤❶~❻。

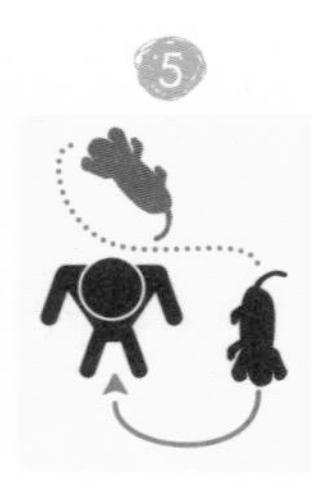

1

在主人和狗狗眼神交流期间，狗狗不会停下来，而是一直往前走。

教会正确的行为

一边和狗狗眼神交流，一边向前走（第二步）

通过上一页中的训练，最终狗狗会专心致志地跟在主人身侧向前走，如果不与狗狗进行眼神交流，狗狗会一直往前走。

此时要注意，如果狗狗将视线移开，主人就要停下来，等狗狗再次主动地与主人眼神交流后再出发。

如果狗狗将视线移开，主人要立刻停下来（左），等待狗狗主动和主人眼神交流。

等狗狗仰视主人后，喂食狗粮。重复步骤❶～❸。

一边和狗狗眼神交流一边向前走（左），连续喂食狗粮（右），不断前进。
※ 需要主人注意的是，不能让狗狗撞上其他人或物品。

教会正确的行为

一边向前走，一边连续喂食狗粮

如果狗狗已经能够专心致志地走上数米的距离，主人可以一边向前走，一边连续喂食狗粮。通过向狗狗传达“如果一边和主人眼神交流一边向前走，就会获得奖励”的信息，让狗狗始终跟在主人身侧，一边仰视主人，一边向前走。

教会狗狗信号

主人还要教会狗狗走在主人左侧的信号。当狗狗明白这一信号并做出该行为时，训练更高效了。

在一边和狗狗眼神交流一边向前走之前，主人可以先向狗狗发出“跟上”的信号。让狗狗明白该信号的意思，来到主人左侧，一边仰视主人一边向前走。

狗狗会对“跟上”这一信号做出反应，来到主人左侧，一边仰视主人一边向前走。

也可以在行走的同时发出“跟上”的信号

一般来说，在让狗狗做出某种行为之前发出信号的效率最高，但在狗狗正在做出该行为时发出信号也同样有效。也就是说，在狗狗边仰视主人边向前走时，对狗狗说“跟上”。重复上述操作，最终让狗狗在行走途中听到该信号时，狗狗会立刻到主人左侧，一边仰视主人一边向前走。

向狗狗传达结束的信息

如果主人想要结束行走训练，可以让狗狗停下来坐下，并和狗狗眼神交流，然后对狗狗发出“OK”的信号，告诉狗狗训练结束。

当然流程也可以是坐下、等待、眼神交流、“OK”。

如果主人想要结束行走训练，可以让狗狗停下来坐下，和狗狗眼神交流，然后对狗狗说“OK”。

如果狗狗拉扯牵引绳（左），主人要立刻停下来（右）。

等放缓牵引绳之后（左），朝着狗狗想去的地方行走（右）。

教会正确的行为

在行走时，要保持牵引绳处于松缓状态

通过提高眼神交流的频率，可以教会狗狗在遛狗时不拉扯牵引绳，但是，“一边和狗狗眼神交流，一边向前走”的训练目的，不仅是让狗狗专心致志地向前走，主人自己也要全心投入地和狗狗一起向前走。

遗憾的是，这种行走方式就失去了遛狗原本应有的乐趣。

为了能够充分享受遛狗的乐趣，主人可以教会狗狗另一种行走的方式，即训练狗狗“如果拉扯牵引绳，就停下来。如果牵引绳很松缓，就继续向前走”。

其原理与“应对狗狗的跳扑行为”（请参考P110）相同。在狗狗想去某个地方而拉扯牵引绳时，您就可以进行这项训练。此时，让狗狗去它去想去的地方，本身就是奖励，因此不需要喂食狗粮。

从让狗狗感觉轻松的地方开始，逐步训练

虽说这项训练很重要，但是如果刚开始遛狗时就实施“如果拉扯牵引绳，就停下来。如果牵引绳很松缓，就继续向前走”的训练，正常只需要30分钟的路程，狗狗可能需要走上好几个小时。

如果狗狗很喜欢公园，主人可以试着在距离公园入口5米的地方训练狗狗。最开始的时候，走完这5米可能要花费10分钟，但是经过反复训练，可以缩短为5分钟、3分钟，最后做到保持牵引绳处于松缓状态的行走。

等实现这个目标之后，可以让狗狗从距离入口10米的地方开始向前走，不断拉长保持牵引绳处于松缓状态行走的距离。

进而实现在任何地方也能保持牵引绳处于松缓状态的行走。

是否需要发出信号呢

在这项训练中，最理想状态是主人不发出信号，狗狗也能保持牵引绳处于松缓状态的行走。

但是，如果您想教会狗狗信号，也可以在出发之前对狗狗说“慢点”等。

逐渐拉长可以保持牵引绳处于松缓状态行走的距离。

问题预防

应对狗狗拉扯牵引绳的行为

无论是“一边和狗狗眼神交流，一边向前走”的训练，还是“在行走时，要保持牵引绳处于松缓状态”的训练，想要在各种地方顺利地实施，最少需要花费6个月左右的时间。

但是，如果狗狗拉扯牵引绳的情况很严重，或者“我很努力地训练狗狗，可始终做不好”“我养的是大型犬，它的力气太大了，我根本没法阻止它拉扯牵引绳”，我们建议您可以借助于道具。

防爆冲牵引绳和口环牵引绳可以很好地帮助您应对狗狗拉扯牵引绳的行为。

防爆冲牵引绳

普通的腹圈是在狗狗背部一侧连接牵引绳，狗狗用力拉扯牵引绳，自己不会感到痛苦。也正因为如此，不仅无法减轻狗狗拉扯牵引绳的力度，甚至不断增强。

而防爆冲牵引绳虽然也是腹圈，但它是在狗狗的胸部一侧连接牵引绳。如果狗狗拉扯牵引绳，狗狗的胸部就会朝向主人，使狗狗在前进的方向上无法用力，从而起到减轻狗狗拉扯牵引绳力度的作用。

佩戴后的样子（左）。虽然也是腹圈，但在胸部一侧连接牵引绳。

口环牵引绳

口环牵引绳是用马的挽具改良而成的犬用道具。因为是在狗狗鼻口部的绳圈上连接牵引绳，当狗狗拉扯牵引绳时，狗狗的鼻尖就会朝向主人，使狗狗在前进方向上无法用力，从而起到减轻狗狗拉扯牵引绳力度的作用。

从狗狗的身体重心到连接牵引绳的距离来看，口环牵引绳比防爆冲牵引绳更远。而且，口环牵引绳可以用更小的力量产生旋转力矩，对减轻狗狗拉扯牵引绳力度的效果更佳。

佩戴后的样子（左）。牵引绳连接在鼻口部的绳圈上。

	减轻狗狗拉扯牵引绳的力度	佩戴方便性	外在感觉
口环牵引绳	◎	△	△
防爆冲牵引绳	○	○	○

需要教会狗狗新的行为的阶段

右手握着狗粮。

一边将紧握狗粮的手凑近狗狗的鼻尖，让狗狗嗅闻，一边引导狗狗做出坐下的姿势。

等狗狗的屁股挨着地板之后，通过“善于称赞狗狗3段式”喂食狗粮。

※重复这一操作，让狗狗将注意力集中到主人紧握狗粮的手上。

狗狗开始理解做出什么行为会获得奖励的阶段

STEP1

不要将紧握狗粮的手凑近狗狗的鼻尖（不让狗狗嗅闻气味），而是让狗狗将注意力集中到紧握的手上，通过引导让狗狗做出坐下的姿势。

等狗狗的屁股挨着地板之后，通过“善于称赞狗狗3段式”喂食狗粮。

※不让狗狗嗅闻气味也能让狗狗集中注意力。

STEP2

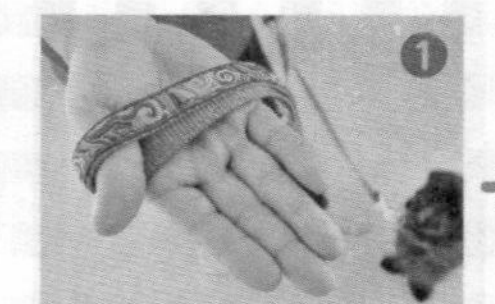

右手没有握着狗粮。

让狗狗将注意力集中到没有紧握狗粮的空手上，通过让狗狗将鼻尖朝上，引导狗狗做出坐下的姿势。

等狗狗的屁股挨着地板之后，称赞狗狗“好孩子”，然后喂食狗粮，并抚摸狗狗。

行为稳定化的阶段

在不使用狗粮的情况下，引导狗狗完成坐下的姿势，但称赞狗狗时可以偶尔喂食狗粮。即使偶尔才能获得奖励，狗狗也会认真地做出这一行为了。

在主人理解了上述A、B、C（请参考P177）的基础上，逐渐训练狗狗摆脱对狗粮的依赖，在没有狗粮的情况下，狗狗也能做到主动和主人眼神交流，并在收到主人发出的信号后可以很开心地回应。

逐渐可以摆脱对狗粮的依赖

利用狗粮进行训练效率会很高，既能减轻狗狗的紧张程度，又能减轻主人的负担，同时还能增加幸福荷尔蒙，可以说这是驯养家庭犬的最佳方法。但是，如果疏忽了以下3点（A、B、C），很有可能导致在没有狗粮时狗狗就不会听主人的话。

A 不让狗狗感受到主人拿有狗粮。

B 通过“善于称赞狗狗3段式”，让狗狗理解主人称赞的话语和抚摸也是“奖励”。

C 主人要认识到狗粮的功能。

狗粮具有两方面的功能：一是引导狗狗做出讨人喜欢的行为，也就是“引导道具”的功能；二是作为对狗狗奖励（=报酬）的功能。

为了教会狗狗新的行为，需要充分发挥狗粮的这两个功能，但是在狗狗已经明白应该怎么做之后，就不再需要狗粮的“引导道具”功能了。此外，如果已经让狗狗明白称赞的话也是“奖励”，也就不需要每次都利用狗粮的“奖励”功能了。

狗粮的功能 / 训练阶段	引导道具（引导狗狗做出某种行为）	奖励
1. 需要教狗狗新的行为的阶段。	需要	需要
2. 狗狗开始理解做出什么行为会获得奖励的阶段。	不需要	需要
3. 行为稳定化的阶段。	不需要	偶尔需要

摆脱依赖狗粮的方法

理想的状态是，即使没有狗粮，狗狗也会做出主人期望的行为。因此，在狗狗开始理解做出什么行为会获得奖励的阶段，可以逐渐进行摆脱依赖狗粮的训练了。我们以训练狗狗坐下为例（请参考P176），介绍了按照上表中1~3的顺序训练的方法。

在进入第八部分之前，先让我们检查一下第起七部分中介绍的训练是否已经完成。（填写方法请参考P72）

第七部分的完成情况检查表

训练内容			完成	需加油	未完成	记录
遛狗	制造集中点	已经在遛狗时制造了集中点，并在确定下一个集中点后让狗狗向前走。	□ ／	□ ／	□ ／	
	与其他狗狗接触	已经做到在遛狗时狗狗拉扯牵引绳，不顺着狗狗的意思行走。	□ ／	□ ／	□ ／	
	排泄、嗅闻气味	可以让狗狗嗅闻的地方由主人决定。	□ ／	□ ／	□ ／	
教会狗狗正确的行为	让狗狗以坐下的姿势等待	经过练习，狗狗已经学会坐下的姿势，通过连续喂食狗粮让狗狗学会了等待。	□ ／	□ ／	□ ／	
	让狗狗结束坐下的姿势	在结束坐下的姿势时会向狗狗发出“OK”的信号。	□ ／	□ ／	□ ／	
	主人在狗狗以坐下的姿势等待时离开	练习了主人在狗狗以坐下的姿势等待时离开。	□ ／	□ ／	□ ／	
	在室外让狗狗以坐下的姿势等待	在室外练习了让狗狗以坐下的姿势等待。	□ ／	□ ／	□ ／	
	让狗狗以卧倒的姿势等待	通过连续喂食狗粮，让狗狗练习了以卧倒的姿势等待。	□ ／	□ ／	□ ／	
		练习了主人在狗狗以卧倒的姿势等待时离开。	□ ／	□ ／	□ ／	
		在室外练习了让狗狗以卧倒的姿势等待。	□ ／	□ ／	□ ／	
	站立	通过引导，狗狗已经可以从坐下的姿势转换为站立姿势。	□ ／	□ ／	□ ／	
		已经可以在狗狗处于站立姿势时连续喂食狗粮，并发出了手势信号。	□ ／	□ ／	□ ／	
	“到这儿来”	已经成功地将“到这儿来”发展成让狗狗主动地坐下。	□ ／	□ ／	□ ／	
	一边和主人眼神交流一边向前走	已经将提高眼神交流频率的训练发展成行走训练。	□ ／	□ ／	□ ／	
		通过向狗狗发出“跟上”的信号，狗狗已经可以一边和主人眼神交流，一边向前走。	□ ／	□ ／	□ ／	
	在行走时保持牵引绳处于松缓状态	如果狗狗拉扯牵引绳，就停下来。如果牵引绳很松缓，就继续向前走。	□ ／	□ ／	□ ／	
问题预防	摆脱对狗粮的依赖	已经进行了逐渐摆脱依赖狗粮的练习。	□ ／	□ ／	□ ／	

第二性征期以后

此阶段的狗狗相当于是人类高中生的阶段。这一部分总结了一些将来需要教会狗狗的事情。

第八部分在这里！

本书各个部分		Part2	Part3	Part4	Part5	Part6	Part7	Part8
疫苗	第一次 自第一次疫苗接种起两周后		第二次	自第二次疫苗接种起两周后	第三次 自第三次疫苗接种起两周后			
狗狗的周龄和月龄	7周龄 8周龄 2月龄	9周龄左右	10周龄左右	11~12周龄	3月龄左右	4~5月龄 出生后150天左右	5~7月龄	第二性征期以后

如果您已经教会狗狗很多讨人喜欢的行为，并进行了充分的社会化训练，而且可以在不责骂狗狗的情况下，预防并改善各种令人头疼的行为，那么可以说狗狗已经顺利地度过了第二性征期。

对狗狗进行驯养的训练，归根到底是为了实现安全、舒适、没有压力的日常生活的手段，而绝对不是目的。

此外，如果已经可以在日常生活中充分利用训练，那么训练的意识及时间就变得不再重要了，因为日常生活本身已经变成了对训练的复习和不断完善。

比如，主人已经可以在进出玄关或等待交通信号灯时训练狗狗以坐下的姿势等待，那么就可以在每天遛狗时进行复习，而不用刻意找时间练习。

但是，想将这些训练应用到日常生活中，主人和狗狗都需要努力。这里将为您介绍如何在日常生活中充分利用这些训练，以及为达到这一目标所需要的训练方法。

问题预防

充分利用便携式狗笼和葫芦玩具

在我们已经对狗狗充分训练了上厕所之后，可以不断地延长狗狗自由活动的时间。但是，对于狗狗的调皮行为，还是需要小心提防。您可以根据具体情况，充分利用便携式狗笼和葫芦玩具。

此外，当主人需要外出或离开狗狗一段时间，一定小心提防地震等灾难伤害到狗狗，这时就可以充分利用便携式狗笼来保护狗狗。

教会正确的行为

在日常生活中充分练习

通过日常生活中的练习，充分发挥以往训练的作用。

进出门的时候

在玄关处可以看到室外的情况，这对于狗狗的刺激很强烈，因此主人可以先用家里客厅的门练习。带着狗狗从玄关处出门，让狗狗暂时坐下，防止狗狗突然冲出去。

吃饭时

当主人正在吃饭时，为了避免狗狗向主人讨要食物而吠叫，或者因为无聊而做出调皮行为，主人要训练狗狗以卧倒的姿势在主人脚边等待。

收取快递时

当快递员来到家里的时候，主人可以让狗狗以卧倒的姿势在客厅等处等待，然后自己走向玄关，收取快递。

用手机时

当主人用手机发信息或打电话时，狗狗可能会想引起主人的注意而跳扑或吠叫，所以，主人要让狗狗以卧倒姿势等待。

和别人打招呼时

主人在和别人打招呼时，要让狗狗以坐下的姿势等待，避免狗狗因为别人靠近而变得害怕或兴奋。

进行外出的准备时

当主人为外出遛狗做准备或收拾衣物时，要让狗狗以坐下或者卧倒的姿势等待。

为狗狗佩戴牵引绳时

外出之前为狗狗佩戴牵引绳或遛狗回家后为狗狗擦拭脚时，要让狗狗以坐下的姿势等待。

给狗狗拍照片时

给狗狗拍照片时，如果让狗狗以坐下的姿势等待，拍出来的照片就不容易模糊，而且可以把狗狗拍得很可爱。

在狗狗咖啡馆时

当其他狗狗靠近或有人走过时，主人要训练狗狗卧倒在主人脚边等待。这样主人才能真正享受狗狗咖啡馆的乐趣。

和其他狗狗擦身而过时

在遛狗时遇到其他狗狗，为避免狗狗吠叫或跑去和其他狗狗一起玩，要训练狗狗与其他狗狗相遇时，狗狗的注意力要集中到主人身上。

主人在厨房时

厨房里的刀具、明火等对于狗狗来说都很危险。所以，主人去厨房时，要让狗狗以卧倒的姿势等待。

带着狗狗进入拥挤的人群时

训练狗狗即使到商业街等人群拥挤的地方，也可以将注意力集中到主人身上，甚至强烈的刺激下也能以坐下的姿势等待。

主人系鞋带、捡拾狗狗的排泄物时

当主人蹲下时，有的狗狗可能会认为主人想和自己玩耍。所以，在主人系鞋带的时候，可以先让狗狗以坐下或卧倒的姿势等待，然后自己后退一步蹲下。

走近十字路口时

当遛狗时走近十字路口，为了保证安全，在穿过人行横道前，一定要让狗狗坐下。在等待交通信号灯时，主人可以通过连续喂食狗粮，让狗狗保持等待的状态。

在各种各样的环境中遛狗时

主人在坡道或人群中等各种各样的步行道上遛狗时，要让牵引绳保持松弛的状态，必要时可以一边保持和狗狗的眼神交流，一边向前走。

让狗狗在家里以外的地方等待时

主人带着狗狗旅行或外出时，有时需要让狗狗在便携式狗笼里等待。因此，主人可以让狗狗试一试这样的场景训练。

在家中的规则

为了保证在日常生活中不给邻居带来麻烦，家庭成员可以和狗狗一起度过舒适、安全、没有压力的每一天，主人需要对狗狗进行社会化训练以及有针对性的相关训练，您可以通过以下4项确认狗狗是否达到要求。

1 刷毛 ……确认是否可以进行日常的护理。

2 擦脚 ……确认是否可以进行日常的护理。

3 到这儿来 ……确认在日常生活中是否已经采取必要的行动，避免狗狗遭遇危险，避免狗狗做出令人讨厌的行为。确认是否已经构建了狗狗与主人之间的信赖关系。

4 以卧倒姿势在脚边等待 ……确认在日常生活中是否已经可以让狗狗平静下来。

散步时的规则

为了保证在平常遛狗时不给周围的人带来麻烦，主人可以和狗狗一起度过舒适、安全、没有压力的每一天，主人需要对狗狗进行社会化训练以及有针对性的相关训练，您可以通过以下4项确认狗狗是否达到要求。

1 与其他带着狗狗的人擦身而过 ……确认在平常遛狗时是否可以保证狗狗舒适、安全、没有压力。

2 进出门 ……确认狗狗是否已经可以在日常生活中以坐下的姿势等待，是否已经采取必要安全措施，防止狗狗突然冲出去。

3 和陌生人或别人打招呼 ……确认是否已经在日常生活中采取了必要措施，避免狗狗朝着别人吠叫或者跳扑。

4 遛狗时保持牵引绳处于松缓状态 ……确认在平常遛狗时是否可以保证狗狗安全、平静，主人是否可以享受遛狗的乐趣。

旅行或外出时的规则

为了保证在旅行或外出时不给周围的人带来麻烦，主人可以和狗狗一起度过舒适、安全、没有压力的每一天，主人需要对狗狗进行社会化训练以及有针对性的相关训练，您可以通过以下4项确认狗狗是否达到要求。

1. **即使有带脚轮的旅行包经过，狗狗的注意力也能集中到主人身上**……确认在旅行或外出时是否可以保证狗狗享受其中的乐趣，不会变得紧张。
2. **让狗狗在便携式狗笼里等待**…………确认狗狗是否可以在外出的地方等待，不会变得紧张。
3. **主人捡拾东西时，让狗狗以坐下或卧倒的姿势等待**……确认是否可以在旅行目的地或外出的地方，舒适且安全地在包里找东西、系好鞋带、捡起掉落的东西。
4. **让狗狗从不稳定的地面上经过**……确认狗狗是否可以在旅行目的地等与平常不一样的地面上安全、舒适、没有压力地走过去。

在动物医院的规则

现在，去动物医院接受检查是非常正常的事情，这也是为了及早发现和预防疾病。为了不让狗狗因此而变得紧张，主人需要对狗狗进行社会化训练以及有针对性的相关训练，您可以通过以下4项确认狗狗是否达到要求。

1. **拜托别人照看狗狗**…………确认是否可以将狗狗交给医院工作人员。
2. **让狗狗在检查台上接受检查**…………确认狗狗是否可以老老实实地接受检查和治疗。
3. **为狗狗刷牙、护理牙齿**…………确认是否已经可以对狗狗实施牙周炎的预防操作。
4. **检查时接触狗狗的身体**…………确认是否可以对狗狗实施日常的健康检查。

应该什么时候做绝育、阉割手术呢？

现在，由日本国家行政部门编制的《养狗的方法》中提到：在狗狗出生六个月的时候，就可以为其做绝育或阉割手术了。出生六个月的时候，母狗将要迎来第一次发情期，而公狗也开始出现抬起后腿圈占地盘了的行为了，这是狗狗即将迎来第二性征期的时期。

在母狗迎来第一次发情期之前和迎来发情期之后做绝育手术，后者患上乳腺癌的风险更高。同样，如果公狗开始抬起后腿圈地盘之后再做阉割手术，其圈占地盘的习惯会保留下来。所以，"出生六个月后"可以说是进行手术的最佳时机。

如果公狗没有做阉割手术，不管走到哪里，主人都要为它收拾圈占地盘的残局。如果您想要带狗狗去很多地方，最好给它们做绝育或阉割手术。而且，做完手术之后，狗狗之间发生争斗的几率也会大大降低。

但是，做完手术就不能生小狗了。而且，经常有人说狗狗做完手术后会变胖，其实绝育、阉割手术并不会导致肥胖。绝育、阉割手术后，狗狗的新陈代谢会下降，如果依旧给狗狗喂食与手术前一样多的狗粮，狗狗肯定会摄入过多的热量，因此才会变胖。如果能够减少喂食的狗粮，并调整到适当的摄入量，狗狗绝对不会变得肥胖。

训练要坚持到什么时候为止呢？

训练狗狗是为了让其舒适、安全、没有压力地生活，幸福地度过每一天。但是，当狗狗已经实现了训练目标，就不需要再对狗狗进行训练了。

实际上，如果主人已经教会了狗狗正确的行为、推进狗狗的社会化、减少狗狗的问题行为、成功地教会狗狗不管在什么地方都能安静等待……在日常生活中就能不断完善训练的内容，保持训练的成效，让训练这一观念逐渐淡化，直至消失。

但是，对于主人和狗狗来说，训练的时间也是沟通的重要时间，在一教一学之中产生深厚的感情。

以人类为例，孩子越小，母亲要教给他的东西就越多，因此母亲和孩子之间的沟通交流就会很多。而随着孩子不断长大，学到的东西越来越多，等学习的难度增加到一定程度后，母亲就无法教会孩子新的东西了，这必然会造成沟通交流的时间大大缩短。

狗狗也是一样。通过训练，狗狗可以学到很多东西，可终究会有主人没什么可以再教的时候，必然也会造成沟通交流的时间大大缩短。此时，狗狗会感到很寂寞。为了保证与狗狗共同幸福的生活，沟通交流是不可或缺的。因此，与之前对狗狗进行驯养不同，您可以教狗狗各种技能（转圈、跳高、接球、匍匐前进等）和游戏（请参考P148~P150），一边享受游戏的快乐，一边延续与狗狗沟通交流的时间。

让我们检查一下本部分中介绍的训练是否已经完成。（填写方法请参考P72）

第八部分的完成情况检查表

训练内容			完成	需加油	未完成	记录
在日常生活中	眼神交流	周围有拥挤的人群或其他狗狗时，如果叫狗狗的名字，狗狗会将注意力集中到主人身上。	□ ／	□ ／	□ ／	
	让狗狗以坐下的姿势等待	在进出门时，狗狗会以坐下的姿势等待。	□ ／	□ ／	□ ／	
		在为狗狗佩戴或松开牵引绳时，狗狗会以坐下的姿势等待。	□ ／	□ ／	□ ／	
		当主人在厨房时，狗狗会以坐下的姿势等待。	□ ／	□ ／	□ ／	
		当主人蹲下系鞋带、捡拾狗狗的排泄物时，狗狗会以坐下的姿势等待。	□ ／	□ ／	□ ／	
		在来到交通信号灯、铁道路口等附近时，狗狗会在主人脚边以坐下的姿势等待。	□ ／	□ ／	□ ／	
	让狗狗以卧倒的姿势等待	在主人吃饭或在狗狗咖啡馆时，狗狗会以卧倒的姿势等待。	□ ／	□ ／	□ ／	
		在主人为了收取快递而走向玄关时，狗狗会以坐下的姿势等待主人回来。	□ ／	□ ／	□ ／	
	遛狗	在遛狗途中，狗狗可以一边和主人眼神交流，一边与其他狗狗擦身而过。	□ ／	□ ／	□ ／	
		可以在拥挤的人群中遛狗。	□ ／	□ ／	□ ／	
		狗狗已经做到保持牵引绳处于松缓状态，按照主人决定的路线向前走，并乐在其中。	□ ／	□ ／	□ ／	
	到这儿来	即使狗狗正在自己玩耍，在听到主人喊“到这儿来”时就会走到主人身边。	□ ／	□ ／	□ ／	
		即使狗狗正在和其他狗狗玩耍，在听到主人喊“到这来”时会停止玩耍，走到主人身边。	□ ／	□ ／	□ ／	
	让狗狗在便携式狗笼里等待	不管是家里还是外面，在听到主人发出“房子”的指令时，狗狗都会进入便携式狗笼，老老实实地等待。	□ ／	□ ／	□ ／	
	护理狗狗	可以对狗狗实施全身检查。	□ ／	□ ／	□ ／	
		可以对狗狗进行擦脚、刷毛、擦眼屎、刷牙、清洁耳朵等日常护理。	□ ／	□ ／	□ ／	
		狗狗已经习惯了在需要治疗时吃药片、点眼药水。	□ ／	□ ／	□ ／	
	问题预防	预防了狗狗出现啃咬、为讨要食物而吠叫、霸占东西、抢占地盘等问题。	□ ／	□ ／	□ ／	

柴犬

八哥犬

约克夏梗犬

边境牧羊犬

金毛犬

混种犬

杰克罗素梗犬

博美犬

混种犬

吉娃娃犬

玩具贵宾犬

马尔济斯犬

接下来，我要讲一个故事，故事发生在本书的初版即将出版时。

在一次驯狗师聚集的演讲会上，一位瑞典的驯狗师说：“最近我刚养了一条狗，并带狗狗参加了久违了的小狗教室，我惊讶地发现，现在的训练方法和以前大不相同。以往的基于主人领导进行的训练，已经转变为基于对身体语言的理解和学习理论等科学依据而进行的训练。”

2008年，美国宠物医生及行为学会发表了一篇声明：传统的训练方法认为，构建主人与狗狗之间的支配和服从关系很重要，这也有利于对狗狗进行训练、行为预防以及行为纠正。但是，传统的训练方法是错误的，掌握基于学习理论等科学依据的训练方法才是最重要的。

比如体育界，很久以前（30多年前）就已经引入了科学的训练方法，但在当今的体育界内仍然有很多教练只知道过去的训练方法，根本不去理解科学的方法论。狗狗训练领域也是一样，还有很多坚持陈旧的思想的人，但是他们终究会被淘汰，我们绝对不能被陈旧且错误的训练方法所迷惑。现在，基于更加科学的训练方法正在被广泛采用，而且越来越多的人加入了这个战队。

我们热切期望您能将本书放在手边，随时查阅和学习，希望越来越多的狗狗能够和主人以及主人的家人度过幸福的每一天。

Can! Do! Pet dog school负责人

公益社团法人 动物病院福祉协会

家庭犬驯养师

西川文二

图书在版编目（CIP）数据

狗狗的日常护理与驯养 /（日）西川文二著；刘旭阳译. --北京：煤炭工业出版社，2019（2023.6重印）
ISBN 978-7-5020-7115-8

Ⅰ. ①狗… Ⅱ. ①西… ②刘… Ⅲ. ①犬一驯养 Ⅳ. ①S829.2

中国版本图书馆CIP数据核字(2018)第291401号

狗狗的日常护理与驯养

著　　者	（日）西川文二	**译　　者**	刘旭阳
策划制作	北京书锦缘咨询有限公司		
总 策 划	陈　庆	**策　　划**	李　伟
责任编辑	马明仁	**编　　辑**	郭浩亮
设计制作	王　青		

出版发行 煤炭工业出版社（北京市朝阳区芍药居 35 号　100029）
电　　话 010-84657898（总编室）
010-64018321（发行部）　010-84657880（读者服务部）
电子信箱 cciph612@126.com
网　　址 www.cciph.com.cn
印　　刷 北京旺都印务有限公司
经　　销 全国新华书店

开　　本 787mm × 1092mm 1/24　**印张** 8　**字数** 215　千字
版　　次 2019 年 2 月第 1 版　2023 年 6 月第 7 次印刷
社内编号 20181362　　**定价** 59.80 元